Die Metamorphose des Elektrons

Christian Holzapfel

(Ein Spaziergang durch die Landschaft der Physik)

für Inge,
die ich sehr vermisse

Inhaltsverzeichnis

Einleitung.

Die Physik ist eine bizarre Landschaft mit vielen verschlungenen Pfaden. In diese wollen wir einen kleinen Ausflug unternehmen. Wir werden auf sehr unterschiedlichen Wegen wandern, manche werden breit sein und leicht zu bewältigen. Andere Wege enden blind; die wollen wir umgehen. Manche Wege aber sind steinige und steile Pfade, die nur mühsam zu erklimmen sind. Wenn man sich jedoch die Mühe macht, nach oben zu klettern, wird man reich belohnt. Die Aussicht der Erkenntnis ist überwältigend schön.

Das Land ist grenzenlos und noch lange nicht völlig erforscht; wir wissen auch nicht, wieviel wir davon kennen und welche unbekannten Horizonte noch vor uns liegen.

Diese zweite Fassung in Deutsch enthält zusätzlich zu den Kapiteln Anhänge, die zur Vertiefung des Stoffes dienen, die aber nicht notwendig sind für das Verständnis der Darstellungen in den einzelnen Kapiteln (Tagen genannt).

So wollen wir uns auf den Weg machen und versuchen, einiges in diesem Land kennenzulernen.

Danksagung.

Dies ist die zweite Fassung der ursprünglichen Arbeit "Eine kleine Geschichte des Elektrons", die nach der deutschen Veröffentlichung ins Englische mit dem Titel „ The Metamorphosis of the Electron" (Charleston, SC, USA, 2014, ISBN 9781495963247) übersetzt wurde.

Für die Bemühungen möchte ich meinem Sohn Rupert danken und unserem Freund Gerhard Nägele. Vor allem hat mir unser Freund Aaron Galonsky mit der Übersetzung meines holprigen Englisch in lesbares Englisch geholfen. Viele wertvolle Anregungen und auch fachliche Verbesserungen habe ich durch die Diskussionen mit Aaron erhalten. Dafür möchte ich mich bedanken. All das habe ich in die vorliegende zweite Fassung eingearbeitet. Für die Durchsicht dieser zweiten Fassung und für die vielen anregenden Diskussionen möchte ich mich bei unserem Freund Eckehard Pomplun bedanken.

Vor allem möchte ich meiner Frau Inge für die Verbesserung des deutschen Textes danken. Sie kennt natürlich jedes Komma, jeden Punkt und all die merkwürdigen Wörter, die in der Physik gebräuchlich sind. Die zweite Fassung hat sie leider nicht mehr erlebt.

1. Tag, die Entwicklung des Elektrons, Streuversuche.

Als das Elektron entdeckt wurde, war es eine Kugel, eine kleine Kugel mit einer elektrischen Ladung **e** und einem Radius r_e. Das Elektron bekam auch eine Masse m_e, die aus der Ablenkung im Magnetfeld bestimmt wurde. Warum das Elektron als solche Kugel existieren konnte, wusste man nicht. Die elektrostatischen Kräfte müssten es sofort in unendlich kleine Stücke auseinandersprengen. Was hielt denn die Ladung zusammen?

Dann entdeckte man, dass das Elektron um seine eigene Achse rotiert; es bekam einen Spin. Durch die Rotation des Elektrons wird ein magnetisches Feld erzeugt. Das Elektron hat also nicht nur eine Ladung, eine Masse, sondern auch ein magnetisches Moment. Das konnte man einigermaßen verstehen, denn eine rotierende geladene Kugel erzeugt ein magnetisches Feld in seiner Umgebung. Nur, das magnetische Feld des Elektrons hat eine Eigenart, es ist doppelt so groß wie man es von einer rotierenden Ladung erwarten würde, so, als würde die Ladung des Elektrons doppelt so schnell rotieren wie seine Masse, d.h. im rotierenden Elektron fließt ein zusätzlicher Kreisstrom durch die schneller rotierende Ladung.

Aus dem mechanischen Eigendrehimpuls des Elektrons, dem Spin, und aus der Masse des Elektrons konnte man den Radius dieser kleinen Kugel abschätzen. Daraus ergab sich eine Umdrehungszahl von ungefähr 2×10^{25} Umdrehungen pro Sekunde. Daraus wiederum konnte man die Geschwindigkeit eines Punktes auf der Oberfläche des

Elektrons berechnen zu ungefähr $2\text{x}10^{12}$ cm/sek. Damit ergaben sich ernsthafte Schwierigkeiten mit der Relativitätstheorie, die nur eine maximale Geschwindigkeit von der des Lichtes $c = 3\text{x}10^{10}$ cm/sek. erlaubte. Das Elektron rotiert also fast hundert Mal schneller als erlaubt.

Die Verletzung der relativistischen Geschwindigkeitsgrenze ist nicht die einzige Schwierigkeit, die man mit dem Elektron hat. Auch die Masse des Elektrons wirft Fragen auf, wie wir gleich sehen werden. Sowie zu jedem magnetischen Dipol ein magnetisches Feld vorhanden ist gehört auch zu jeder elektrischen Ladung ein elektrisches Feld. Wenn man die Energie des elektrischen Feldes des Elektrons berechnet erhält man daraus die sogenannte elektrodynamische Masse m_{elec} mit Hilfe der Relativitätstheorie. Wenn wir aber, alternativ, den Impuls des Elektrons und des mit ihm verbundenen elektrischen Feldes berechnen erhalten wir ebenfalls die elektrodynamische Masse m_{elec} des Elektrons. Das Problem ist, wir bekommen durch dies beiden Methoden unterschiedliche Massen, und zwar um einen Faktor $\tfrac{3}{4}$; die Masse, die aus dem Impuls berechnet wird ist größer als die Masse, die aus der Relativitätstheorie folgt. Die Differenz ist zu groß als dass sie wegdiskutiert werden könnte. Wir wissen nicht welche von den beiden Massen die anfangs erwähnte beobachtete Masse m_e darstellt.

Wenn man den Bewegungszustand einer Ladung, eines Elektrons, ändert, verzögert oder beschleunigt, dann entsteht dabei elektromagnetische Strahlung, die sogenannte Bremsstrahlung. Die Energie, die in dieser Strahlung steckt, muss zusätzlich aufgebracht werden zur Energie für die Beschleunigung der Masse des Elektrons, d.h. man benötigt eine zusätzliche Kraft zur Beschleunigung. Sonst wäre der Energieerhaltungssatz verletzt. Die Arbeit gegen diese Kraft ist gleich der Energie der emittierten elektromagnetischen Strahlung. Der Ursprung dieser Kraft muss, wenn wir nur das Elektron und das beschleunigende Feld vorliegend haben, im Elektron selbst liegen. Durch die Emission der elektromagnetischen Strahlung erscheint also als eine zusätzliche Kraft, die auf die Ladung wirkt, die sogenannte Strahlungsdämpfungskraft.

Diese zusätzliche Kraft wirkt wie eine Kraft auf eine zusätzliche Masse μ, die zur elektromagnetischen Masse hinzugezählt werden muss. Die gesamte für die Bewegung des Elektrons relevante Masse m_e besteht also aus zwei (vielleicht mindestens zwei) Teilen, aus der sogenannten feldfreien Masse m_{elec}, die der Masse eines neutralen Teilchens entspricht, das keine Bremsstrahlung emittiert, und der Masse μ. Die feldfreie Masse m_{elec} steht im Widerspruch zur Relativitätstheorie, ist aber konsistent mit der klassischen Elektrodynamik, obwohl die klassische Elektrodynamik nicht im Widerspruch zur Relativitätstheorie steht. Die von internen Kräften herrührende Masse μ hängt wahrscheinlich von der inneren Struktur des Elektrons ab, über die wir nichts wissen. Wir kennen nur die Summe dieser beiden Beiträge zur Masse des Elektrons. Mit unserer Vorstellung über das Elektron stimmt irgendetwas nicht.

Anfang des zwanzigsten Jahrhunderts entdeckte man, dass das Elektron, gebunden im Atom, für die Emission und Absorption von Licht verantwortlich ist. Die Vorstellung, die von *Niels Bohr (1885 – 1962)* entwickelt wurde, dass das Elektron wie ein kleiner Planet um die Atomkerne rotiert, erklärte zunächst in einfacher Form dieses Phänomen. Je nachdem, ob das Elektron von einer energiereicheren höheren Bahn in eine dem Kern näher gelegene tiefere und damit energieärmere Bahn sprang oder umgekehrt, emittierte es die Energiedifferenz in Form von Licht, oder es absorbierte die Energiedifferenz aus einem einfallenden Strahlungsfeld.

Warum aber das Elektron auf seiner tiefsten Bahn um das Atom blieb und nicht unter Emission von Licht in den Atomkern hineinstürzte, wusste man nicht. Zwar konnte man, ähnlich wie bei den Planeten, ausrechnen, mit welcher Geschwindigkeit sich das Elektron auf seiner Kreisbahn bewegen muss, um nicht in den Kern hineinzustürzen, aber das um den Kern rotierende Elektron müsste als nicht gleichmäßig bewegte Ladung ständig Energie in Form von Licht abstrahlen und dabei schließlich in den Kern hineinstürzen. Man musste deshalb postulieren, dass es stabile Bahnen des Elektrons um den Kern gibt, d.h. Bahnen, auf denen keine Energie abgestrahlt wird, eine künstliche Vorstellung über das Atom, die uns von der Natur aufgezwungen wurde (Abb.1.1).

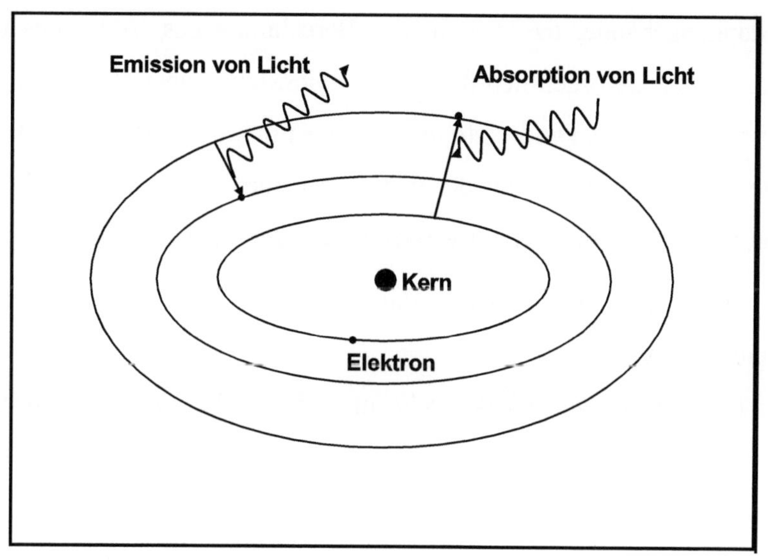

Abb. 1.1. Das Bohrsche Atommodell.

Die Elektronen kreisen um den Atomkern wie die Planeten um die Sonne. Hier sind drei der vielen möglichen stabilen Bahnen gezeigt.

Wenn ein Elektron aus einer höheren Bahn in eine niedrigere Bahn „fällt", wird Licht emittiert.

Wenn das Atom Licht absorbiert, wird ein Elektron in eine höhere Bahn „gehoben".

Diese Forderung an unsere Vorstellung, die auch Niels Bohr formulierte, war der erste Schritt zu einer völlig neuen Theorie, der Quantentheorie, die Anfang des Jahrhunderts entwickelt wurde; ein Gedankengebäude, das sich in der Berechnung des Verhaltens der Atome als außerordentlich fruchtbar erwies, leider aber ohne dass wir verstehen, warum. Die Vorstellung hat uns im Stich gelassen zugunsten einer Rechenmethode, mit der wir vorhersagen können, wie sich die Natur verhält, ohne dass wir verstehen, warum sie sich so verhält.

Die Quantentheorie wurde dargestellt in der berühmt gewordenen Gleichung von *Erwin Schrödinger (1887 – 1961),* einer Gleichung mit der man das ganze physikalische und chemische Verhalten unserer täglichen und auch atomar mikroskopischen Umgebung beschreiben konnte.

Die Schrödinger-Gleichung beschreibt das Verhalten des Elektrons im elektrischen Feld des positiv geladenen Atomkerns. Damit konnte man - im Prinzip jedenfalls, wenn auch die Berechnung sich meistens außerordentlich schwierig gestaltete - das chemische Verhalten der Atome beschreiben; das periodische System der Elemente hatte ein physikalisches Fundament bekommen. Nur die Vorstellung, das Begreifen dieser Beschreibung ging verloren. Das Elektron erschien in der Beschreibung nicht mehr als Teilchen, sondern als Welle, und noch dazu als eine sehr sonderbare Welle.

Von der Elektrodynamik waren wir schon gewohnt, mit Wellen umzugehen. Aber diese Wellen waren keine Wellen, die man direkt messen konnte, so wie die elektrischen und magnetischen Felder der elektromagnetischen Welle. Sie waren Wahrscheinlichkeitswellen. Das Verhalten des Elektrons wurde durch eine komplexe Funktion beschrieben, aus der eine reelle Zahl entstand, die die Wahrscheinlichkeit für das jeweilige Verhalten des Elektrons angab. Das räumliche Wahrscheinlichkeitsfeld gab die Wahrscheinlichkeit an, im jeweiligen Ort das Elektron vorzufinden. Das war eine rein mathematische Beschreibung; dennoch zeigten diese Wahrscheinlichkeitswellen physikalische Eigenschaften.

Streuversuche mit Elektronen an kleinen Spaltöffnungen zeigen Interferenzen. Nur Wellen können Interferenzen zeigen. Teilchen können keine Interferenzen zeigen, zumindest nicht die Teilchen, die man in der klassischen Physik unter Teilchen versteht, wie Kanonenkugeln, Schneebälle oder was man sonst noch alles werfen kann. Aber Elektronen zeigen eindeutig Interferenzen, also sind Elektronen Wellen. Sie werden nicht nur durch eine Wellenfunktion beschrieben, sie sind selbst Wellen.

Bei geringfügiger Änderung der Anordnung der Streuversuche treten aber die Elektronen als Teilchen auf. Sie sind eindeutig Teilchen. Werden sie durch eine einzelne Öffnung geschickt, dann treten sie auf einem dahinterliegenden Schirm als Teilchen auf und machen sich an einer einzigen Stelle durch einen kleinen Blitz auf dem dafür eigens präparierten Schirm bemerkbar.

Schickt man die Elektronen durch zwei dicht nebeneinanderliegende Öffnungen, dann zeigen sich Interferenzmuster auf dem Schirm, so, wie wenn man Wellen durch die beiden Öffnungen schicken würde. Der Teil, der durch die eine Öffnung geht, interferiert hinter der Öffnung mit dem Teil, der durch die zweite Öffnung geht (Abb.1.2).

Man kann solche Interferenzerscheinungen an ganz normalen Wasserwellen beobachten. Wirft man zwei Steine gleichzeitig in einen ruhigen See, so sieht man, wie sich die Wellen von jeder einzelnen Eintauchstelle ausbreiten. Wenn die beiden Wellen aufeinandertreffen, dann addieren sich die Berge und Täler der einzelnen Wellenfronten. Wo zwei Wellenberge aufeinandertreffen, entsteht ein doppelt so hoher Wellenberg. Wo ein Berg der einen Wellenfront auf ein Tal der anderen Wellenfront trifft, gleichen die beiden sich aus, die Wasseroberfläche bleibt hier flach. Zwei Täler zusammen ergeben ein tiefes Tal. Das ganze bewegt sich mit der Bewegung der beiden Wellenfronten. So entsteht auf der Wasseroberfläche ein hübsches Interferenzmuster. Und das ist ganz typisch für eine Wellenbewegung.
Genau solche Muster zeigen Elektronen, die durch zwei Öffnungen treten. Nur müssen die Öffnungen sehr eng zusammenliegen, weil die Wellenlänge der Elektronen sehr kurz ist.

1961 wurde das Experiment von einem jungen Physiker, *Claus Jonsson (1930 –)*, damals noch Student, durchgeführt. Er verwendete dünne Metallfolien mit Schlitzen unter 1 µm, sowohl bezüglich der Größe als auch des Abstandes der Schlitze.

1801 zeigte *Thomas Young (1773 – 1829)* in einem ähnlichen Doppelschlitz-Experiment, dass Licht eine Welle war, wie bereits viel früher von *Christian Huygens (1619 – 1695)* behauptet, eine elektromagnetische Welle. Auch für das sichtbare Licht müssen die Öffnungen sehr eng zusammenliegen, will man Interferenzerscheinungen sehen.

Das Interferenzmuster, das die Elektronen zeigen, sind die leuchtenden Streifen auf dem Schirm, die aus den vielen einzelnen Blitzen entstehen, die durch jedes einzelne Elektron ausgelöst werden. Die Summe all dieser Blitze bildet das Interferenzmuster. Aber jeder einzelne Blitz zeigt, dass die Elektronen als Teilchen auf den Schirm auftreffen.

Das Elektron ist also eindeutig sowohl Teilchen als auch Welle, ein Teilchen, das einen lokalisierbaren Ort und eine bestimmte Geschwindigkeit hat, und eine Welle, die den ganzen Raum ausfüllt - verrückt aber wahr.

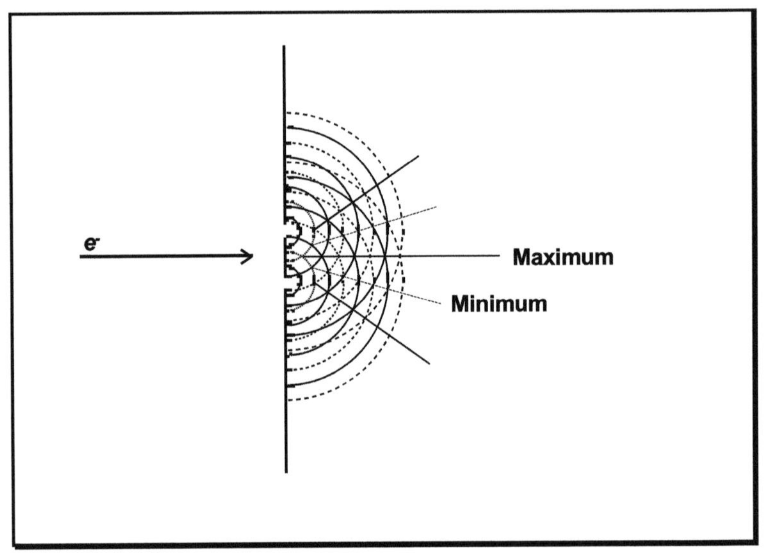

Abb.1.2. Streuversuch.

Bei der Streuung von Elektronen am Doppelspalt entstehen Interferenzen wie bei Lichtwellen.

Wo Wellenberge (durchgezogene Kreise) der beiden Felder aufeinandertreffen, entstehen Maxima (durchgezogene Linien); wo Wellenberge des einen Feldes mit Wellentälern (gestrichelte Kreise) des anderen Feldes aufeinandertreffen, entstehen Minima (gestrichelte Linien).

(Wo Wellentäler der beiden Felder aufeinandertreffen, entstehen ebenfalls Maxima, weil die Intensität des Wellenfeldes gleich der Amplitude der Wellen ist.)

Wenn man ein Wellensystem erzeugt, das aus verschiedenen Wellenlängen besteht, dann überlagern sich all diese Wellen. An manchen Orten verstärken sie sich, wenn gerade viele Wellenberge zusammentreffen. An anderen Orten löschen sie sich gegenseitig aus, wenn Wellenberge und Wellentäler aufeinandertreffen. Das Phänomen ist den Radiohörern bekannt als sogenannte Schwebung. Wenn man versucht, einen Sender zu empfangen, der frequenzmäßig in der Nähe eines anderen Senders liegt, kann man den gewünschten Sender einige Zeit gut empfangen, dann verschwindet er wieder - gerade dann, wenn der Sprecher etwas Interessantes sagt; nach einigen Sekunden kommt er wieder. Man hört eine Schwebung mit einer Frequenz, die sehr viel niedriger ist als die Frequenz der beiden Sender, die sich gegenseitig stören (die Schwebungsfrequenz ist gerade die Differenz der beiden Senderfrequenzen).

Auf diese Weise entstehen sogenannte Wellenpakete. Als ein solches Wellenpaket kann man das Elektron deuten, wobei wir nicht vergessen dürfen, diese Wellen sind immer noch Wahrscheinlichkeitswellen, d.h. das Wellenpaket ist eine erhöhte Wahrscheinlichkeit, das Elektron in diesem Paket vorzufinden, d.h. dort im Raum, wo die berechnete Wahrscheinlichkeit groß ist (Abb.1.3).

Man sollte vielleicht vorsichtiger sagen, das Elektron ist nicht eine Welle, es verhält sich nur so - gleichzeitig ist es nicht ein Teilchen, es verhält sich nur so, und zwar je nachdem, wie wir das Experiment auslegen.

Ein solches Wellenpaket hat nun eine besondere Eigenschaft. Die einzelnen Wellen haben unterschiedliche Wellenlängen. Nach *Louis de Broglie (1892 – 1987)* ist die Wellenlänge verknüpft mit der Geschwindigkeit der Welle – zum Unterschied von Schallwellen oder elektromagnetischen Wellen. Das Wellenpaket setzt sich also zusammen aus Wellen unterschiedlicher Geschwindigkeiten, d.h. die Geschwindigkeit des Wellenpaketes, die sogenannte Gruppengeschwindigkeit, ist nicht genau bestimmt.

Gleichzeitig hat das Wellenpaket eine gewisse Ausdehnung Δx, d.h. auch der Ort x des Wellenpakets ist nicht genau bestimmt. Je genauer man den Ort des Wellenpakets bestimmen möchte, d.h. je schmaler das Wellenpaket ist, desto mehr Wellen unterschiedlicher Geschwindigkeiten braucht man für die Bildung des Wellenpakets, d.h. desto ungenauer wird die Gruppengeschwindigkeit v, desto größer wird Δv (Abb. 1.3.a und 1.3.b).

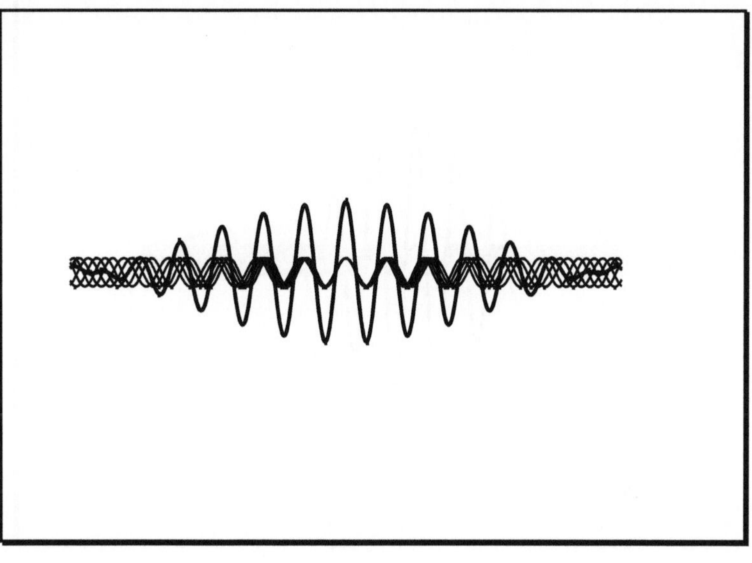

Abb. 1.3.a. Ein Wellenpaket im Raum zu einem bestimmten Zeitpunkt.

Die Überlagerung von Wellen verschiedener Wellenlängen (dünne Linien) erzeugt ein Wellenpaket (dicke Linie). Hier besteht das Wellenpaket aus fünf einzelnen Wellen mit unterschiedlichen Wellenlängen. Die Wellenlängen dieser fünf Wellen entsprechen Phasengeschwindigkeiten zwischen 5,6 und 6,4 (in beliebigen Einheiten). Das bedeutet eine Unsicherheit der Gruppengeschwindigkeit von 0,8 (in den gleichen beliebigen Einheiten). Das ist zu vergleichen mit dem Wellenpaket in Fig. 1.3.b, wo das Wellenpaket aus neun Wellen unterschiedlicher Wellenlängen besteht.

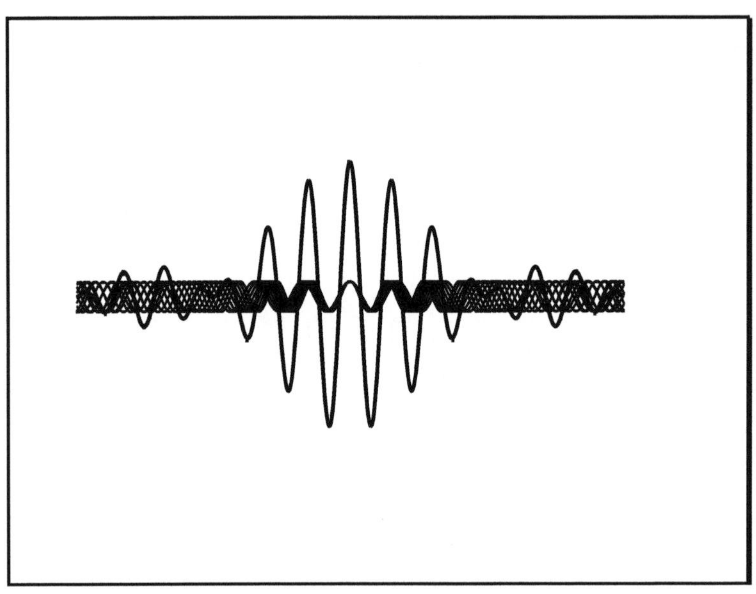

Abb. 1.3.b. Wellenpaket mit mehr Wellen.

Die Überlagerung von neun Wellen mit verschiedenen Wellenlängen erzeugt hier ein engeres Wellenpaket als in Abb. 1.3.a. Die Wellenlängen dieser neun Wellen entsprechen Phasengeschwindigkeiten zwischen 5,2 und 6,8 (in beliebigen Einheiten). Das bedeutet eine Unsicherheit der Gruppengeschwindigkeit von 1,6 (in den gleichen beliebigen Einheiten), d.h. doppelt so viel wie die Unsicherheit der Gruppengeschwindigkeit in Abb. 1.3.a. Dieses Wellenpaket ist daher viel enger als in Abb. 1.3.a; die Unsicherheit der Lage Δx ist etwa nur die Hälfte der Unsicherheit der Lage in Abb. 1.3.a.

Statt der Geschwindigkeit können wir auch den Impuls p des Wellenpakets nehmen, das ist einfach die Geschwindigkeit multipliziert mit der Masse des Elektrons.

Es zeigt sich, dass das Produkt aus der Unschärfe des Ortes Δx und der Unschärfe des Impulses Δp nicht kleiner werden kann als eine bestimmte Größe h

$$\Delta x \, \Delta p \geq h$$

Wenn der Ort genau bestimmt ist, d.h. $\Delta x = 0$, dann ist Δp unendlich groß, d.h. die Geschwindigkeit ist völlig unbestimmt, das scharfe Wellenpaket besteht aus Wellen mit allen möglichen Geschwindigkeiten zwischen 0 und unendlich.

Wenn aber die Geschwindigkeit genau bestimmt ist, d.h. $\Delta p = 0$, dann haben wir für das Wellenpaket nur eine einzige Welle mit dieser bestimmten Geschwindigkeit zur Verfügung. Diese Welle füllt den ganzen Raum aus, ohne ein Wellenpaket zu bilden, d.h. der Ort ist völlig unbestimmt, Δx ist unendlich groß.

Das ist die berühmte Unschärferelation von *Werner Heisenberg (1901 – 1976)*. Die Größe h ist das Planck'sche Wirkungsquantum. Dies alles gilt für unser Wellenpaket. Das Elektron, das durch das Wellenpaket beschrieben wird, verhält sich genauso - nur warum, das wissen wir nicht.

Nochmals zusammengefasst: Die Schrödinger-Gleichung beschreibt das Verhalten des Elektrons durch die Wahrscheinlichkeitswelle. Die Unschärferelation wurde für die Wahrscheinlichkeitswelle formuliert – sie ist eine direkte Folge der Beschreibung der Teilchen durch Wellen, und sie beschreibt ebenso das Verhalten des Elektrons.

Wenn wir versuchen, das Elektron in einen kleinen Raum einzusperren, z.B. als gebundenes Elektron in einem Atom, dann wird die Geschwindigkeit entsprechend unbestimmt, d.h. es hat gar keinen Sinn, im klassischen Sinn von einer "Bahn" des Elektrons um den Kern zu sprechen, auf der es sich mit einer bestimmten Geschwindigkeit bewegen würde. Vielmehr scheint das Elektron irgendwie "verschmiert" zu sein und sich in der Nähe des Atomkerns aufzuhalten (Abb.1.4).

Die Größe h ist allerdings so klein, dass die Unschärferelation im täglichen Leben nicht auffällt. Wir wissen immer, wo unsere Sachen liegen - und wenn der Ort eines unserer Gegenstände unbestimmt ist, liegt es nicht an der Unschärferelation.

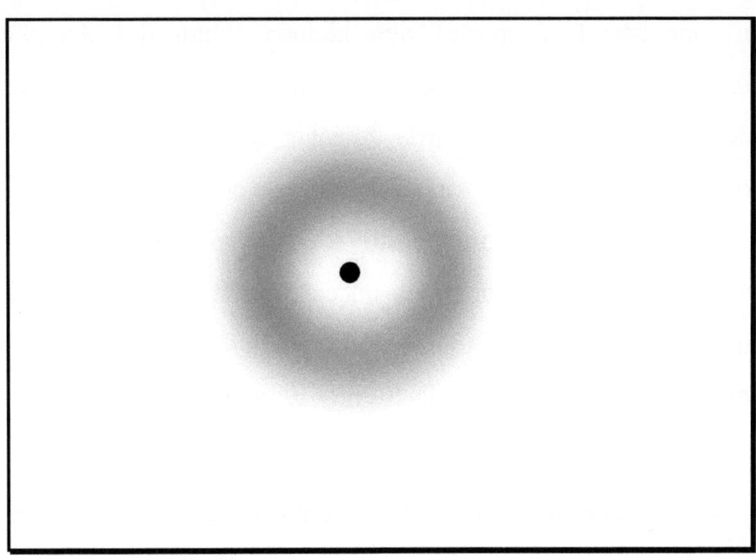

Abb.1.4. Verschmiertes Elektron.

Das Elektron ist kein Teilchen in einem Punkt auf einer wohldefinierten Bahn, sondern verschmiert über den ganzen Bereich um den Kern.

Die Unschärferelation verhindert auch, dass das Elektron in den Kern hineinstürzt, denn auf den kleinen Raum des Atomkerns lokalisiert hätte das Elektron eine so hohe Geschwindigkeit, dass es wieder hinausgeschleudert würde. Je näher das Elektron an den Kern rückt, desto größer wird die kinetische Energie des Elektrons auf Grund der Unschärferelation, und desto kleiner wird gleichzeitig die potentielle Energie des Elektrons im elektrischen Feld des positiven Kerns. Das System Elektron + Kern stellt sich so ein, dass die Gesamtenergie des Elektrons, die Summe dieser beiden Energieformen, kinetische Energie und potentielle Energie, am kleinsten wird.

Man könnte nun auf die Idee kommen, die Unschärferelation folgendermaßen auszutricksen: Folgt man dem Wellenpaket eines sich frei bewegenden Elektrons für eine längere Zeit, kann man die Geschwindigkeit des Elektrons beliebig genau messen, einfach durch Division des zurückgelegten Weges durch die verstrichene Zeit. Je länger man dem Elektron folgt, desto kleiner wird die Unsicherheit in der Geschwindigkeit, Δv, daher wird auch das Produkt $\Delta x \cdot \Delta v$ immer kleiner und kleiner. Aber das Wellenpaket besteht aus Wellen mit unterschiedlichen Geschwindigkeiten. Das führt dazu, dass das Wellenpaket auseinanderläuft. Man nennt das Dispersion. Die Wellenpakete in den Abbildungen 1.3.a und 1.3.b sind nur Momentaufnahmen der Wellenpakete. Für ein freies Elektron mit einer bestimmten Geschwindigkeit mag das Wellenpaket eine Ausdehnung von 10^{-10} m haben. Aber schon nach einer Sekunde hat das Wellenpaket eine Ausdehnung von mehr als 1000 km! Es gibt keine Möglichkeit das Produkt $\Delta x \cdot \Delta v$ kleiner zu machen. Die Natur lässt sich nicht austricksen.

Es ist im Übrigen ein ganz allgemeines Prinzip, dass ein physikalisches System dem Zustand zustrebt, in dem es die geringste Energie hat; deshalb fallen Kartenhäuser zusammen, Bleistifte fallen zu Boden, und Elektronen fallen nach der klassischen Vorstellung in den Kern hinein - bzw. unter Berücksichtigung der Unschärferelation in die Bahn, wo die Gesamtenergie am geringsten ist. Das ist die stabilste Lage des Systems Kern + Elektron, also des Atoms. Der Raum, den das Elektron einnimmt, d.h. die Größe des Atoms, stellt sich gerade so ein, dass die Gesamtenergie ein Minimum wird, d.h. die Größe des Atoms ist eine direkte Folge der Unschärferelation. In der klassischen Elektrodynamik war die Gesamtenergie, die dem Minimum zustrebt, nur durch die potentielle Energie des Elektrons gegeben. Daher stürzte das klassische Elektron in den Atomkern hinein. Durch die Unschärferelation bzw. durch die Beschreibung mit der Schrödinger-Gleichung kommt die kinetische Energie des Elektrons hinzu, die den Kollaps des Atoms verhindert.

2. Tag, über Teilchen, Wellen, Quantenzahlen und Relativität.

Im Jahre 1924 postulierte de Broglie, dass jeder materielle Körper aus Wellen besteht, sogenannten Materiewellen - also nicht nur Elektronen, sondern alle Körper, Protonen, Neutronen, Atome und auch Schneebälle, ja auch die Himmelskörper, Erde und Mond. Alle bestehen sie aus Wellen. Er verknüpfte durch eine einfache Gleichungen den Impuls des Körpers mit der Wellenlänge. Dieser Gedanke de Broglies wurde zunächst von der Sorbonne in Paris als Schwachsinn abgewiesen.

Einige Jahre später gelang es, Beugungseffekte an schnell bewegten Elektronen experimentell nachzuweisen, ja etwas später sogar an ganzen Atomen wie Helium und an Molekülen wie Wasserstoff. Solche Beugungseffekte sind auch Interferenzerscheinungen, die an Kanten oder bei kleinen Öffnungen auftreten, also Effekte, die typischerweise bei Wellen auftreten. Damit war experimentell gezeigt, dass Materie generell, also nicht nur Elektronen, sich so verhält wie Wellen sich verhalten. Damit konnte man nun auch hübsch zeigen, warum bestimmte Bahnen der Elektronen um den Atomkern stabil, also strahlungsfrei, sind; das sind nämlich gerade die Bahnen, bei denen ein ganzzahliges Vielfaches der Wellenlänge in den Bahnumfang passt (Abb.2.1).

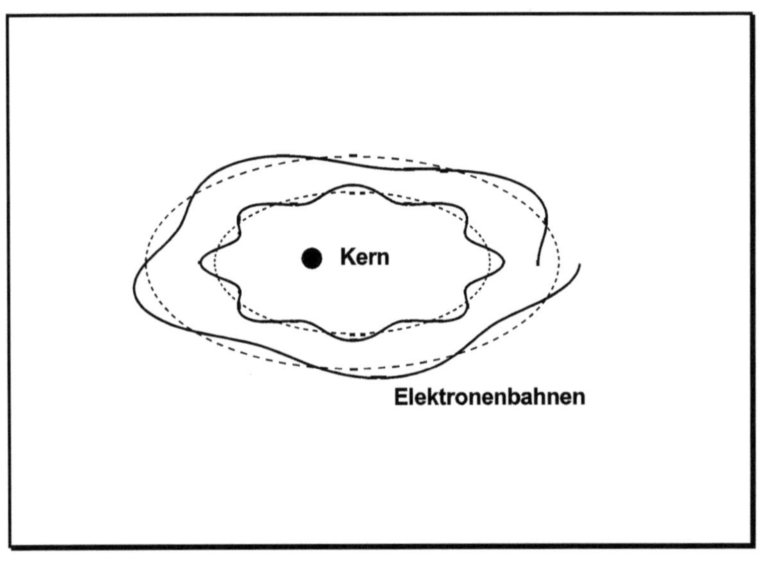

Abb.2.1. Stabile Elektronenbahn.

Die innere Bahn ist stabil; hier passt gerade ein ganzzahliges Vielfaches der Wellenlänge in den Bahnumfang, nämlich 8 Wellen.
Die äußere Bahn dagegen ist nicht stabil; hier passen die Wellen nicht hinein; hier löschen sich die Wellen bei mehrmaligen Umläufen durch Interferenz gegenseitig aus.

Es sieht nun so aus, als hätte man mit der Schrödinger-Gleichung über die Unschärferelation die ersten Vorstellungen Niels Bohrs von den stabilen Elektronenbahnen "bewiesen". Das ist nun nicht ganz so, eher hat man die Vorstellung eleganter formuliert. Man hat einen in sich schlüssigen Formalismus entwickelt, dem die Bohrschen Vorstellungen zu Grunde liegen, so dass diese sich zwanglos daraus ergeben müssen - sonst wäre der Formalismus nicht konsistent. Die Frage, warum das so ist, bleibt immer noch offen. Die Bilder passten irgendwie gut zusammen, nur warum das so passte, warum z.B. solche Bahnen strahlungsfrei sein sollten, blieb unbeantwortet. Und woraus diese Materiewellen bestehen, was da schwingt, blieb völlig unklar - wieder war unsere Vorstellungskraft überfordert.

Je größer die Körper sind, desto mehr treten diese Welleneigenschaften in den Hintergrund. Bei makroskopischen Körpern, denen wir im täglichen Leben begegnen, Billardkugeln, Fußbällen oder gar Autos, sind die Welleneigenschaften vollständig verschwunden. Nur bei kleinen Körpern, eben Elektronen oder auch Atomen, treten die Welleneigenschaften auf.

Etwas früher, im Jahre 1900, entwickelte *Max Planck (1858 – 1947)* die Vorstellung, dass das Licht, das man sich bis dahin als Welle vorstellte, auch aus Teilchen besteht, die Photonen genannt wurden. Mit den gleichen Beziehungen, die de Broglie verwendet hatte, um den Teilchen Wellen zuzuordnen, wurden den elektromagnetischen Wellen nun Teilchen, also Photonen zugeordnet, oder auch Lichtquanten – ein

Quant ist einfach etwas ganz Kleines.

Auch *Albert Einstein (1879 – 1955)* hatte die alte Vorstellung von *Sir Isaac Newton (1643 – 1727)* über das Licht aufgegriffen. Newton hatte sich das Licht als einen Teilchenstrom vorgestellt. Das war, wie vorhin erwähnt, von Huygens widerlegt worden. Die Interferenzen, die man mit Licht erzeugen kann, zeigen eindeutig, dass das Licht eine Welle ist. Aber neuere Experimente, bei denen man mit Licht Elektronen aus Metallen herausschießen konnte, zeigten, dass das Licht auch Teilcheneigenschaften hat.

Wir sehen hier zwei parallele gegenläufige Gedankenentwicklungen. Aus den Elektronen sind Wahrscheinlichkeitswellen geworden, und aus den elektromagnetischen Wellen sind Photonen geworden. Freilich sind da Unterschiede vorhanden, aber beides zeigt, dass wir die Phänomene, denen wir begegnen, nicht ausreichend mit einer Vorstellung beschreiben können. Wir brauchen für das Elektron sowohl das Teilchenbild als auch das Wellenbild, und wir brauchen für das Licht sowohl das Wellenbild als auch das Teilchenbild. Die beiden Bilder sind nicht zu einer schlüssigen Gesamtvorstellung vereinbar, aber beide sind notwendig. Diesen Umstand, dass wir zwei nicht vereinbare Vorstellungen brauchen, um die Natur zu beschreiben, formulierte Niels Bohr als das Komplementaritätsprinzip; die beiden Bilder sind komplementär.

Damit hatte man also ein Bild entwickelt, in dem sowohl Materieteilchen, Quanten, als Wellen auftreten konnten, als auch

Wellen, elektromagnetische Wellen, als Teilchen, Photonen, auftreten konnten. Man konnte bei beiden Teilchenarten, Elektronen und Photonen zeigen, dass sie als Welle auftreten - eben durch Interferenzerscheinungen, und man konnte bei beiden zeigen, dass sie als Teilchen auftreten.

James Franck (1882 – 1964) und *Gustav Hertz (1887 – 1975)* zeigten 1913, dass man mit Elektronen Photonen anstoßen konnte, so wie man Billard spielt, und *Arthur Compton (1892 – 1962)* konnte 1922 auch umgekehrt zeigen, wie man mit Photonen Elektronen anstoßen konnte - Elektronen und Photonen benehmen sich beide wie kleine Billardkugeln.

Diese sich widersprechenden Bilder müssen aber beide mit der Wirklichkeit übereinstimmen, vor allem mit der Natur bzw. mit der klassischen Physik, wie wir sie makroskopisch erleben. Die Quantentheorie zeigt auch mehr und mehr rein klassische Züge je größer die Systeme sind, die wir damit beschreiben; die Unschärferelation wird unbedeutend, die Welleneigenschaften, Interferenzerscheinungen verschwinden. Interferenzen bei Tennis-bällen hat noch niemand beobachtet. Die Ergebnisse der beiden Vorstellungen, die der klassischen Physik und die der Quantentheorie, werden identisch - obwohl die Vorstellungen selbst grundverschieden sind. Wir kommen später auf ein interessantes Beispiel dafür zurück.

Auch dieses Prinzip wurde von Niels Bohr als das sogenannte Korrespondenzprinzip formuliert. Den Quantenvorgängen entsprechen

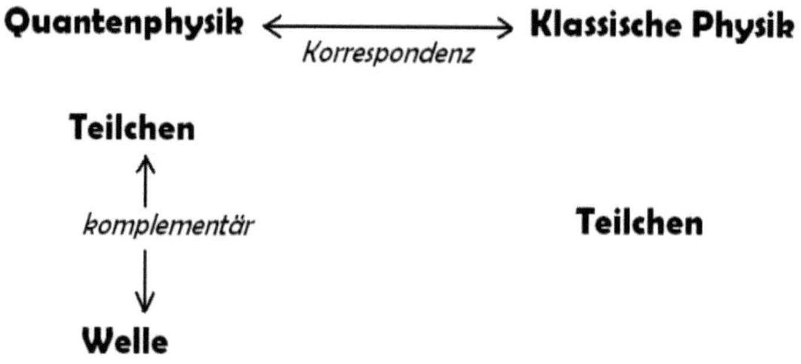

Abb.2.2. Die Bohrschen Prinzipien.

1. Die Quantenphysik geht über in die klassische Physik für große Quantenzahlen.

2. Teilchen und Wellen sind komplementär, d.h. sie ergänzen sich zur Vorstellung über die Struktur des Elektrons; beide Bilder sind notwendig, um die Eigenschaften des Elektrons zu beschreiben.

klassische Vorgänge, so dass für größer werdende Quantenzahlen die Resultate der Quantenvorstellung in die klassischen Resultate konvergieren (Abb.2.2).

Jetzt ist uns ein neuer Begriff auf unserem Spaziergang begegnet, die Quantenzahl. Das ist lediglich eine Nummerierung der möglichen Zustände, die ein System einnehmen kann, z.B. das Atom mit seinen Elektronenbahnen. Die tiefste Bahn, also die energieärmste Bahn, wie wir gelernt haben, bekommt die Nummer 1, die Quantenzahl 1, die nächst höhere die Quantenzahl 2 usw. Wenn das Elektron zwischen diesen beiden Bahnen hin- und herspringt, wird Licht emittiert oder absorbiert, aber nur entsprechend der Energiedifferenz dieser beiden Zustände. Es gibt nichts dazwischen. Die Energie wird in Form von Quanten, also als kleine Pakete emittiert oder absorbiert. Wir können aber diese Energiepakete nicht aus der klassischen Vorstellung berechnen, etwa durch die Bewegung der Elektronen aus der Elektrodynamik. Das gäbe völlig unsinnige Resultate. Das wird eben durch die Quantentheorie beschrieben. Betrachten wir aber sehr viel größere Quantenzahlen, d.h. Elektronen, die sich weit draußen bewegen, dann können wir die Bewegung des Elektrons wie eine kleine Antenne behandeln. Dann ergibt die klassische Elektrodynamik die richtige Berechnung der Emission und Absorption des Lichtes. Die Quantentheorie ergibt natürlich auch die richtigen Resultate. Die Resultate der klassischen Elektrodynamik und der Quantentheorie unterscheiden sich nicht mehr, bzw. die Unterschiede werden immer geringer, je größer die Quantenzahlen sind.

Das Bild scheint nun sehr schön. Für kleine Quantenzahlen und für kleine, mikroskopische Objekte gilt eben die Quantentheorie, und für große Quantenzahlen und für große, makroskopische Objekte können wir die klassische Physik anwenden. Durch das Korrespondenzprinzip wird auch der Bruch zwischen den beiden Theorien vermieden, der Übergang vollzieht sich sanft und gleichmäßig.

Je schöner das Bild wurde, desto mehr Fragen traten jedoch auf. Schaute man sich das Bild genauer an, wurde vieles unverständlich.

Wenn eine elektromagnetische Welle, die sich im Raum ausbreitet, als Photon auf ein einzelnes Elektron stoßen soll, dann muss sich die ganze Energie aus dem Wellenfeld plötzlich auf das Elektron konzentrieren - wie die Natur das schafft, bleibt ein Rätsel. Man spricht gelehrt vom Kollaps des Wellenfeldes, meinte aber nur „???".

Die gleiche Frage tritt auf, wenn jedes einzelne Elektron beim Interferenzversuch auf dem Schirm an einem bestimmten Punkt einen Lichtblitz auslöst und die Lichtblitze alle zusammen zeigen, dass es sich um ein Wellenfeld handelt. Auch hier muss die Wahrscheinlichkeitswelle sich in einem Punkt plötzlich konzentrieren. Man spricht hier genauso gelehrt vom Kollaps der Wellenfunktion.

Dann kam noch ein schwerwiegender Schönheitsfehler hinzu. Die Schrödinger-Gleichung ließ sich nicht in Einklang mit der Relativitätstheorie bringen.

Im 19. Jahrhundert wusste man schon, dass das Licht sich in Wellenform ausbreitet, als elektromagnetische Welle, in der elektrische und magnetische Felder schwingen. Nur wusste man nichts über das Medium, in dem sich diese Wellen fortpflanzten, den sogenannten Äther. Man hatte aber schon festgestellt, mit welcher Geschwindigkeit sich diese elektromagnetischen Wellen ausbreiten. *Olaf Römer (1644 – 1710)* kam schon 1676 mit seinen Messungen an einem der Monde des Jupiters erstaunlich nahe an den heute bekannten Wert von knapp 300000 km/sek. - das bedeutet sieben Mal um die Erde in einer Sekunde.

Dieses Medium, der Äther, müsste sonderbare Eigenschaften haben. Um das Licht mit einer solch hohen Geschwindigkeit fortpflanzen zu können, müsste der Äther härter als Stahl sein. Auf der anderen Seite müssten sich die Himmelskörper - Planeten, Sonne, ja ganze Galaxien - ungehindert durch den Äther bewegen können.

Ende des 19. Jahrhunderts führten *Albert A. Michelson (1852 – 1931)* und *Edward Morley (1838 – 1923)* ihr Interferenzexperiment aus um festzustellen, mit welcher Geschwindigkeit sich die Erde nun absolut durch den Äther bewegt. Die Erde bewegt sich mit 30 km/sek. auf ihrer Bahn um die Sonne - von Jülich nach Aachen in einer Sekunde. Gleichzeitig bewegt sich die Sonne mit ihrem ganzen Planetensystem durch den Äther u.a. durch die Rotation unseres Milchstraßensystems. Wegen dieser vielen Geschwindigkeitskomponenten war der Wunsch, die absolute Geschwindigkeit der Erde festzustellen, verständlich.

Zumindest müsste man den Unterschied von 30 km/sek. in der Lichtgeschwindigkeit feststellen können, wenn man das Licht einmal in der Bewegungsrichtung der Erde messen würde und dann quer zur Bewegungsrichtung der Erde.

Michelson und Morley fanden keinen Unterschied. Albert Einstein schloss daraus, dass die Lichtgeschwindigkeit in allen gleichförmig bewegten Systemen gleich ist, dass es nur relative Geschwindigkeiten gibt, dass es sinnlos ist, nach einer "absoluten" Geschwindigkeit zu fragen.

Damit erwiesen sich auch andere Vorstellungen als sinnlos und falsch. Die Vorstellung von einer absolut ablaufenden Zeit wurde sinnlos; jedes System hatte seine eigene Zeit. Auch die räumlichen Ausdehnungen wurden von der Bewegung des Beobachters abhängig. Alles wurde relativ. Der Michelsonversuch ist eines der Beispiele, in dem ein negatives Ereignis, ein "Misslingen" des Experiments, zu einer umwälzenden Änderung der Vorstellung über die Natur führte.

Anstelle der altgewohnten Galilei-Transformation (Umrechnung von Koordinaten und anderen Größen zwischen zwei Systemen, die sich unterschiedlich bewegen, *Galileo Galilei (1564 − 1642)*), in der sich z.B. Geschwindigkeiten einfach addieren (wenn ich in einem Eisenbahnzug, der sich mit 80 km/h durch die Landschaft bewegt, mich selbst mit 5 km/h nach vorne zum Speisewagen bewege, dann bewege ich mich relativ zur Landschaft draußen mit 85 km/h), trat die Lorentz-Transformation *(Hendrik Antoon Lorentz (1853 − 1928))*, in der das

Verhältnis der Geschwindigkeit des Beobachters zur Lichtgeschwindigkeit auftritt (mit der Lorentz-Transformation ist meine Geschwindigkeit relativ zur Landschaft etwas geringer als 85 km/h). Der Unterschied zwischen diesen beiden Transformationen ist allerdings so gering, dass man ihn im alltäglichen Leben nicht merkt. Erst wenn man es mit Geschwindigkeiten zu tun hat, die nahe an die Lichtgeschwindigkeit kommen, merkt man diese relativistischen Effekte.

Aber sie sind da. Und bei einer Theorie über die Natur, auch über die Natur des Elektrons, muss man diese Effekte berücksichtigen, zumal die dabei auftretenden Geschwindigkeiten offensichtlich sehr groß sind.

Aus der Lorentz-Transformation folgt sofort, dass bei der Addition von Geschwindigkeiten die Lichtgeschwindigkeit auch noch als maximal mögliche Geschwindigkeit erscheint, d.h. auch wenn ich in einem Zug sitze, der sich mit fast Lichtgeschwindigkeit bewegt, sagen wir 295000 km/sek., und ich meine Taschenlampe in Fahrtrichtung anknipse, d.h. einen Lichtstrahl in Fahrtrichtung mit 300000 km/sek. ausschicke, dann bewegt sich dieses Licht relativ zur Landschaft draußen immer noch mit nur 300000 km/sek. und nicht etwa mit 595000 km/sek.

Das ist das, was man unter Konstanz der Lichtgeschwindigkeit und auch der Lichtgeschwindigkeit als oberer Grenze versteht.

Verschiedene Begriffe, an die wir uns im Laufe von Jahrtausenden gewöhnt hatten, mussten über Bord geworfen werden. Ereignisse, die in dem einen System gleichzeitig sind, sind in einem anderen System nicht gleichzeitig. Uhren gehen unterschiedlich in verschiedenen Systemen. Aber das ist eine andere Geschichte.

Vielleicht sollten wir dennoch einen Blick auf die Geschichte mit den Uhren werfen, weil die zeigt, wie sonderbar die Natur mit unserer Auffassung von Logik umgeht. Wenn ich mit einer Taschenuhr am Straßenrand stehe und die Uhr in einem vorbeifahrenden Auto beobachte, dann stelle ich fest, dass die bewegte Uhr, also die im Auto, langsamer geht als meine Uhr. Das kann man ja noch verstehen. Aber die Relativitätstheorie besagt - wie der Name der Theorie ja schon andeutet - dass alles relativ ist. Der Autofahrer behauptet mit Recht, dass sein Auto still steht, und dass die ganze Erde inklusive meiner Uhr sich unter seinen Rädern nach hinten bewegt - und stellt dann fest, dass meine Uhr, die sich ja bewegt, langsamer geht als seine im Auto. Und er hat genauso recht wie ich. Der Widerspruch entsteht dadurch, dass wir uns unbewusst eine universelle Uhr vorstellen, mit der wir unsere Uhren vergleichen können, ob sie langsamer oder schneller gehen. Diese universelle Zeit gibt es einfach nicht. Jedes System hat seine eigene Zeit, und wir können diese nicht "absolut" vergleichen. So ist nun mal die Natur beschaffen, auch wenn wir es als unlogisch empfinden.

Allerdings können wir den Effekt nur beobachten, wenn das Auto sehr schnell fährt, mit fast Lichtgeschwindigkeit, d.h. im Straßenverkehr können wir uns ruhig auf die alte Galilei-Transformation verlassen. Aber in Beschleunigern, wo man Elementarteilchen auf fast Lichtgeschwindigkeit beschleunigen kann, lässt sich dieser Effekt beobachten.

Bevor wir zum Elektron zurückkehren, wollen wir uns noch ein weiteres Ergebnis der Relativitätstheorie anschauen, weil wir diesem im Zusammenhang mit dem Elektron später wieder begegnen werden. Bis Anfang des 20. Jahrhunderts hatte man Energie und Masse als zwei verschiedene Begriffe betrachtet. Mit der Relativitätstheorie zeigte Einstein aber, dass diese beiden nur Erscheinungsformen eines Begriffes sind. Energie E und Masse m lassen sich ineinander umrechnen mit Hilfe der einfachen Formel

$$E = m\, c^2$$

also zunächst nur eine mit der Lichtgeschwindigkeit c wenig sagende Umrechnung, die aber 1945 in Hiroshima und Nagasaki zur furchtbaren Wirklichkeit wurde.

Die Formel besagt, dass man Masse, z.B. die eines Stückes Würfelzucker, in Energie umwandeln kann.

Das ist nicht die chemische Energie des Würfelzuckers, die beträgt etwa 10 kcal. Wenn wir die verwerten, wird keine (genauer verschwindend wenig) Masse umgewandelt. Es wird nur die Bindungsenergie der Zuckermoleküle ausgenutzt - das ist ungefähr so viel Energie, wie man in einer Minute auf dem Fahrrad wieder abstrampeln kann.

Wenn es uns aber gelänge, nach der obigen Formel die Masse vollständig in Energie umzuwandeln, gäbe das etwa 50 Milliarden kcal an Energie. Das ist mehr als alle Haushalte der Stadt Jülich zusammen in einem Jahr an Strom verbrauchen - aus dem einen Stück Würfelzucker.

Diese Umwandlung von Masse in Energie ist die, die in Kernkraftwerken ausgenutzt wird. Hier wird zwar kein Zucker verbraucht, sondern Uran - aber Masse ist Masse. Allerdings wird nur ein winziger Teil der Uranatommasse umgewandelt, doch immerhin so viel, dass man aus 1 kg Uranbrennstoff so viel Energie gewinnen kann wie bei der Verbrennung von 85 t Steinkohle - das sind drei Güterwaggons, voll beladen.

Aber nun zurück; hier geht es zunächst um das Elektron - und auch um seinen Verwandten, das Photon. Die beiden haben eine besonders enge Beziehung, wie wir schon gesehen haben, und wie wir noch weitersehen werden.

3. Tag, klassische Elektrodynamik.

Im Jahre 1864 schrieb *James Clerk Maxwell (1831 – 1879)* die Gleichungen auf, nur vier kurze Gleichungen, die das Verhalten des Lichtes, ja aller elektromagnetischen Wellen beschreiben, ein Gleichungssystem, das in seiner Schönheit und Einfachheit solche Genialität zeigte, dass der Gedanke entstand, ein Gott hätte sie niedergeschrieben, ähnlich wie die Zehn Gebote, die Moses mit den Steintafeln am Berge Sinai empfing (Abb.3.1).

Für den Uneingeweihten sehen sie aus wie Hieroglyphen, für den, der sie deuten kann, eröffnen sie eine ganze Welt.

Die Genialität zeigte sich erst recht im vollen Umfange, als sich ein halbes Jahrhundert später herausstellte, dass dieses Formelsystem lorentzinvariant ist, d.h. die Gleichungen ändern sich nicht bei einer Lorentz-Transformation. Das Gedankengebäude der Elektrodynamik steht im Einklang mit der Relativitätstheorie.

Diese vier Formeln beschreiben zusammen mit einigen wenigen Ergänzungen die ganze Elektrodynamik – das ist die Lehre von der Elektrizität und vom Magnetismus, von der Bewegung der Ladungen und vom Einfluss der elektrischen und magnetischen Kräfte auf die Bewegung. Das Elektron und seine beiden Verwandten, das Positron und das Photon, sind dabei die wesentlichen Akteure in diesem Spiel. Wenn wir uns mit dem Elektron beschäftigen, ist es daher durchaus angebracht, auch einen Blick auf die Elektrodynamik zu werfen, gewissermaßen auf den Spielplatz des Elektrons.

$$rotH = \frac{1}{c}\frac{\partial}{\partial t}E + \frac{4\pi}{c}j$$

$$rotE = -\frac{1}{c}\frac{\partial}{\partial t}H$$

$$divH = 0$$

$$divE = 4\pi\rho$$

Abb.3.1. Das Maxwellsche Gleichungssystem.

***H** ist die magnetische Feldstärke, **E** die elektrische Feldstärke, **j** ist die Stromdichte, **ρ** ist die Ladungsdichte, und **c** ist die Lichtgeschwindigkeit.*

Die erste Gleichung beschreibt das Magnetfeld um einen elektrischen Strom und um ein sich änderndes elektrisches Feld.

Die zweite Gleichung beschreibt das elektrische Feld um ein sich änderndes magnetisches Feld.

Die dritte Gleichung besagt, dass das Magnetfeld keine Quellen hat, d.h. es gibt keine magnetischen Monopole, die magnetischen Kraftlinien sind geschlossene Kurven.

Die vierte Gleichung besagt, dass die elektrische Ladung die Quelle des elektrischen Feldes ist.

Das Positron werden wir später genauer kennen lernen.

Die Elektrodynamik ist aus dem Physikunterricht noch dunkel in Erinnerung als eine verwirrende Menge von Phänomenen – es tauchten da elektrische Drähte, Spulen, Magnete und vieles mehr auf – und Begriffe wie Felder, Induktion und Halleffekt. Im Physikunterricht in der Schule hieß es einfach nur Elektrizitätslehre.

Die Aufgabe des Physikers besteht nun darin, in diese Vielfalt etwas Ordnung und Übersicht zu bringen, die Prinzipien herauszuarbeiten, so dass man das Schema erkennt, in das sich all diese Phänomene einordnen lassen – etwa so, wie es Newton tat, als er erkannte, dass der vom Baum fallende Apfel und die Bewegung des Mondes beides sich durch die Schwerkraft beschreiben lässt.

Damit wir uns bei der Beschreibung der Phänomene nicht zu kompliziert ausdrücken müssen, ist es zweckmäßig, sich erst einige Begriffe anzuschauen, die immer wieder gebraucht werden. Zunächst ist es gut zu wissen, dass die Elektrodynamik eine klassische Theorie ist, dass all die Fragen und Schwierigkeiten in Zusammenhang mit der Struktur des Elektrons in der Elektrodynamik keine Rolle spielen. Die Elektrodynamik ist, kurz formuliert, die Lehre von der Bewegung des Elektrons, unabhängig davon, was nun ein Elektron ist. Wir brauchen nur zu wissen, dass das Elektron eine elektrische Ladung trägt – die Ladung des Elektrons ist negativ und die des Positrons positiv.

Damit haben wir auch schon den ersten wichtigen Begriff kennengelernt, den Strom. Wenn eine Ladung, Elektron oder Positron, sich bewegt, ist das ein elektrischer Strom – genauso, wie ein Strom aus Wasser, ein Fluss oder Bach, die Bewegung von Wasserteilchen ist. Genauso wie der Wasserstrom durch die Schwerkraft hervorgerufen wird – Wasser fließt vom Berg zum Tal, weil die Erde das Wasser anzieht, genauso entsteht der elektrische Strom durch die Anziehung zwischen ungleichnamigen Ladungen (plus und minus) oder durch die Abstoßung zwischen gleichnamigen Ladungen (plus und plus oder minus und minus). Zwei Elektronen stoßen sich gegenseitig ab; zwei Positronen stoßen sich ebenfalls gegenseitig ab; Elektronen und Positronen ziehen sich gegenseitig an (Abb.3.2).

Was für Positronen gilt, gilt natürlich auch für Protonen; die haben die gleiche Ladung wie Positronen, sind nur erheblich schwerer. Wir erinnern uns, die Protonen sitzen im Kern des Atoms, weshalb dieser Kern auch positiv geladen ist. Eine normale Taschenlampenbatterie ist so gebaut, dass an dem einen Ende, am Minuspol, ein Überschuss an Elektronen vorhanden ist, und am anderen Ende, am Pluspol, zu wenig Elektronen vorhanden sind, d.h. weniger Elektronen als Protonen, deren positive Ladung daher den Pol zum Pluspol machen.

Dabei sitzen die Protonen fest verankert in den Atomkernen des Materials, während die Elektronen, da sie viel kleiner sind, mehr oder weniger frei beweglich sind.

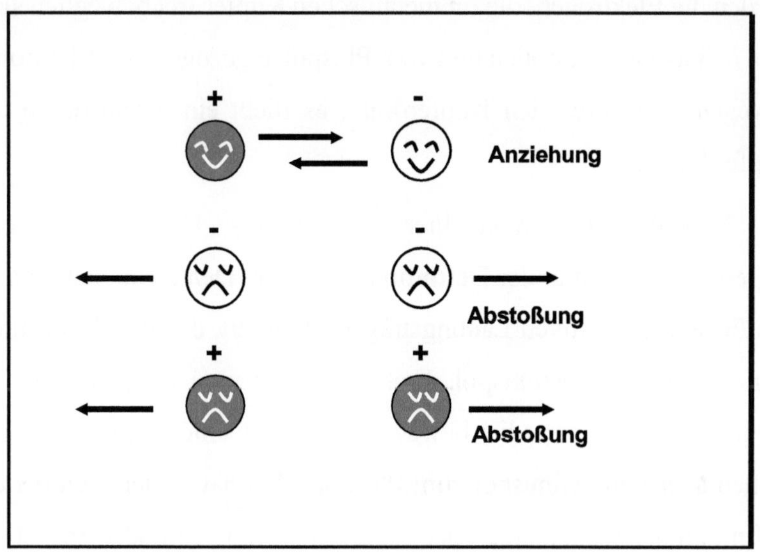

Abb.3.2. Anziehung und Abstoßung.

Ungleichnamige Ladungen ziehen sich gegenseitig an, gleichnamige Ladungen stoßen sich ab.

Verbindet man die beiden Pole mit einem Kupferdraht, dann werden die Elektronen, die im metallischen Kupfer frei beweglich sind, vom Minuspol abgestoßen und vom Pluspol angezogen; die Elektronen bewegen sich durch den Kupferdraht, es fließt ein Strom durch den Kupferdraht.

Nebenbei hat man hier wieder aus Unwissenheit eine Ungeschicklichkeit in der Definition begangen. Den Strom hat man als den Fluss von positiven Ladungsträgern definiert, d.h. der Strom fließt vom Pluspol zum Minuspol. Erst später hat man erkannt, dass die negativen Elektronen die beweglichen Teile sind. Die Elektronen fließen aber vom Minuspol zum Pluspol. Man hat es dennoch bei der Definition gelassen, so dass der elektrische Strom formal vom Pluspol zum Minuspol fließt, obwohl tatsächlich die Elektronen in die andere Richtung fließen. Von außen gesehen macht das keinen Unterschied. Für die elektrodynamischen Phänomene ist es gleichgültig, ob positive Ladungsträger in eine Richtung fließen, oder negative Ladungsträger in die entgegengesetzte Richtung fließen.

Nun bemerkte der dänische Physiker *Hans Christian Ørsted (1777 - 1851)* im Jahre 1820, dass in der Umgebung eines elektrischen Stromes eine magnetische Kraft vorhanden war. Eine Kompassnadel, die er neben den stromführenden Kupferdraht gestellt hatte, bewegte sich und stellte sich quer zum Kupferdraht, wenn der Strom eingeschaltet wurde. Schaltete er den Strom wieder aus, stellte sich die Kompassnadel wieder so ein, dass sie nach Norden zeigte. Wie das

Magnetfeld um den Draht aussah, konnte er mit der Kompassnadel ausmessen.

Durch einfaches Nachdenken – vornehm ausgedrückt heißt es: durch Symmetrieüberlegungen – kann man schon fast sagen, wie das Magnetfeld um den Draht aussehen muss. Wenn man den stromführenden Draht waagrecht anbringt, z.B. aufgespannt zwischen zwei Haltevorrichtungen, dann muss das Feld unter dem Draht genauso aussehen wie über dem Draht und wie rechts und links vom Draht, weil der Strom ja kein oben und unten kennt. D.h. das Feld muss um den Draht symmetrisch angeordnet sein. Es wäre natürlich möglich, dass sich das Feld ändert, wenn man die Kompassnadel an dem Draht entlang führt, dass das Feld in der Nähe des Pluspols anders aussähe als in der Nähe des Minuspols. Aber das wurde experimentell ausgeschlossen; das Magnetfeld ist nur von Strom abhängig. Außerdem ist es vernünftig anzunehmen, dass die Stärke des Magnetfeldes proportional zur Stromstärke ist. Wenn die Stromstärke groß ist, ist auch die magnetische Kraft groß, wenn die Stromstärke klein ist, ist auch die magnetische Kraft klein, und ohne Strom ist auch kein Magnetfeld vorhanden. Außerdem ist es vernünftig anzunehmen, dass das Magnetfeld umso schwächer sein wird, je weiter man vom Kupferdraht entfernt ist. Beides musste natürlich experimentell überprüft werden.

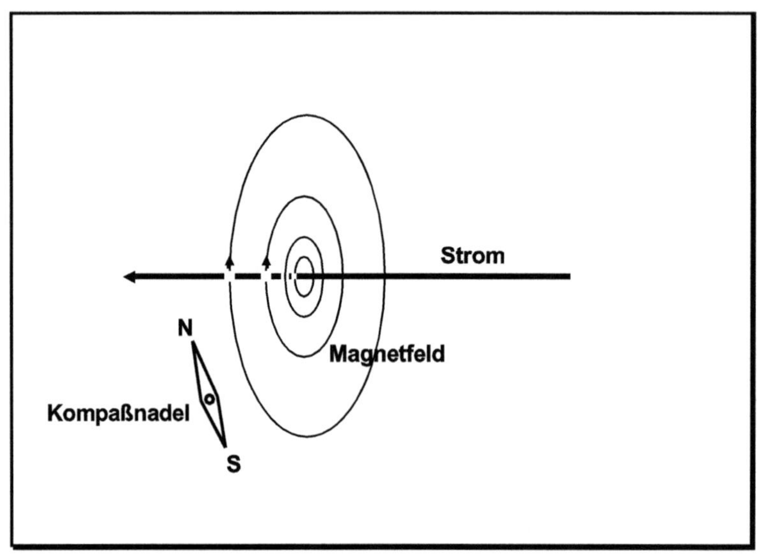

Abb.3.3. Das Magnetfeld eines elektrischen Stromes.

Das Magnetfeld ist ringförmig um den stromführenden Draht angeordnet.

Da die Kompassnadel sich quer zum Kupferdraht stellt, sieht man schon aus all diesen Überlegungen, dass das Magnetfeld ringförmig um den stromführenden Draht angeordnet ist (Abb.3.3) – und genau das steht auch in der ersten und dritten Gleichung.

Außerdem steht in der dritten Gleichung, es gibt keine Monopole, das Magnetfeld hat keine Quellen, die magnetischen Feldlinien sind geschlossene Kurven. Auch in einem normalen Stabmagneten laufen die Feldlinien von einem Pol durch den umgebenden Außenraum zum andern Pol und durch das Innere des Stabmagneten wieder zurück, bilden also geschlossene Kurven. Je nachdem in welche Richtung der Strom fließt, stellt sich auch die Richtung des Magnetfeldes um den Draht ein.

Ich will hier nicht auf die mathematischen Details eingehen, ich will nur erzählen, was alles in den Gleichungen steht. Wer sich in der Vektoranalysis auskennt, sieht das ohnedies sofort.

H ist das Magnetfeld, j ist die Stromdichte. Auf den ersten Term in der ersten Gleichung komme ich später noch zurück.

Was ist nun ein Feld? Wir haben schon von elektrischen Feldern, vom Gravitationsfeld und jetzt vom Magnetfeld gesprochen. Das klingt zunächst etwas geheimnisvoll – ist aber nicht geheimnisvoller als ein Weizenfeld. Von einem Weizenfeld sprechen wir, wenn auf einer größeren Fläche auf jedem Fleck ein Weizenhalm steht. All diese Weizenhalme bilden das Weizenfeld, mit dem der Wind im Sommer so schön spielt, dass man die Wogen übers Feld laufen sieht.

Genauso sprechen wir von einem magnetischen Feld, wenn wir im Raum in jedem Punkt eine magnetische Kraft vorfinden. In jedem Punkt eines solchen Magnetfeldes können wir die Stärke der magnetischen Kraft angeben. Wir können aber zusätzlich auch in jedem Punkt die Richtung der Kraft angeben, die Richtung, in die die Kompassnadel zeigt, mit der wir die magnetische Kraft registrieren. Deshalb können wir in einem solchen Feld Linien einzeichnen – oder auch Fäden im Raum ziehen – sogenannte Kraftlinien, die zeigen, in welche Richtung die Kräfte in jedem einzelnen Punkt wirken. Nebenbei bemerkt, ein solches Feld, in dem man sowohl die Stärke als auch die Richtung angeben kann, nennt man mit einem Begriff aus der Mathematik ein Vektorfeld.

Diese Kraftlinien haben keine physikalische Realität. Sie dienen uns lediglich zur anschaulichen Darstellung des Vektorfeldes. Das betone ich deshalb, weil manchmal mit Kraftlinien argumentiert wird, als wären sie wie Gummischnüre reell vorhanden.

Wenn man auf ein Blatt Papier, das in einem Magnetfeld liegt, Eisenfeilspäne streut, sieht man die Kraftlinien – man sieht aber nur, wie die Eisenfeilspäne Ketten oder Fädchen bilden, die sich im Magnetfeld so ausrichten, wie die magnetischen Kraftlinien verlaufen, also keine wirklichen Kraftlinien.

Dabei dürfen wir auch nicht vergessen, dass wir gar nicht wissen, was ein magnetisches Feld, eine magnetische Kraft „wirklich" ist; wir kennen die magnetische Kraft nur durch ihre Wirkung auf die

Kompassnadel. Genauso wenig wissen wir, was die elektrische Kraft oder die Schwerkraft „wirklich" sind; wir kennen sie nur durch ihre Wirkung auf eine Ladung bzw. auf eine Masse. Wir können diese Kräfte nur als gegebene Eigenschaften des Raumes beschreiben.

Aus diesem einen Phänomen, dass sich nämlich um eine bewegte Ladung ein ringförmiges Magnetfeld ausbildet, lassen sich viele andere Phänomene erklären, z.B. dass eine Spule aus Kupferdraht, durch die man einen Strom schickt, ein Magnetfeld bildet, das aussieht wie das Magnetfeld eines Stabmagneten, dass man Elektromagnete bauen kann. All diese Phänomene beruhen auf dem einen Phänomen, das H. C. Ørsted entdeckte.

Damit verstehen wir auch, wie das Magnetfeld des um den Kern kreisenden Elektrons zustande kommt – zumindest im klassischen Bild. Das kreisende Elektron ist ja analog zu einer Spule mit einer Windung, die um den Atomkern gelegt wird. Dieses bewegte Elektron stellt einen Kreisstrom um den Kern dar, welcher das Magnetfeld erzeugt.

Ebenso ist das rotierende Elektron analog zu einer kleinen Spule, so dass auch hierbei ein Magnetfeld entsteht – aber da sind wir schon bei all den Schwierigkeiten, die wir am ersten Tag kennengelernt haben. Die kleine rotierende geladene Kugel erzeugt ein Magnetfeld, das so aussieht wie das einer kurzen Spule oder eines kurzen Stabmagneten (Abb.3.4).

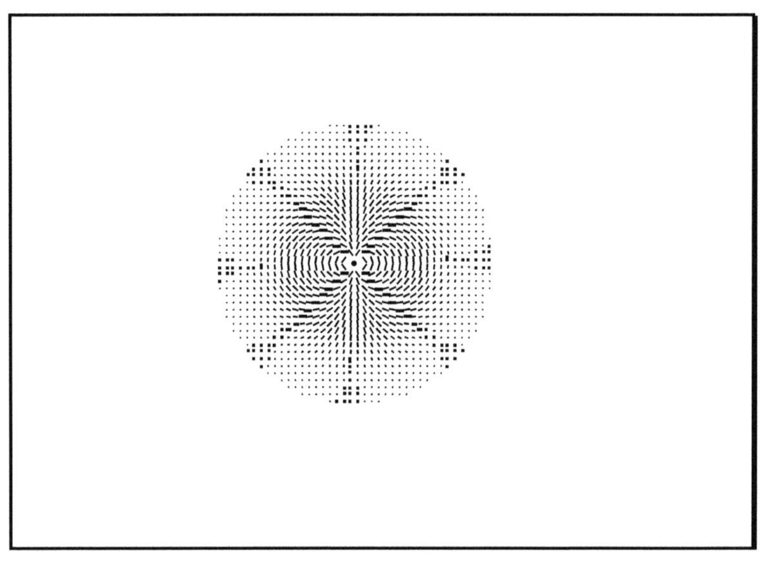

Abb.3.4. Das Magnetfeld des Elektrons.

Das Magnetfeld des Elektrons hat die gleiche Form wie das Feld eines kleinen sehr kurzen Stabmagneten oder einer sehr kurzen Spule, in der ein elektrischer Strom fließt. Es ist das Magnetfeld einer rotierenden elektrischen Ladung.

Dieses Phänomen, dass jeder elektrische Strom ein Magnetfeld ausbildet, wird Ampéresches Gesetz genannt zu Ehren des französischen Physikers und Mathematikers *Andre Marie Ampére (1775 – 1836)* – obwohl es von Ørsted entdeckt wurde. Ampere hat aber das Magnetfeld berechnet.

Wir wollen uns nun ein weiteres Phänomen anschauen, das auftritt, wenn ein Elektron – oder irgendeine Ladung, auch eine positive Ladung, also ein Positron oder ein Proton - sich in einem Magnetfeld bewegt.

Es entsteht eine Kraft, die das Elektron ablenkt, und zwar senkrecht zur Bewegungsrichtung des Elektrons und senkrecht zur Richtung des Magnetfeldes (Abb.3.5). Diese Kraft wurde zu Ehren des niederländischen Physikers H. A. Lorentz, den wir schon im Zusammenhang mit der Lorentz-Transformation kennen gelernt haben, als Lorentz-Kraft bezeichnet. Um es ganz deutlich zu sagen, dieses Phänomen hat im klassischen Bild nichts mit dem ersten Phänomen zu tun, lässt sich also nicht etwa daraus ableiten. Es ist ein grundlegend weiteres Phänomen und gilt allgemein für jede elektrische Ladung. Bewegt sich eine elektrische Ladung in einem Magnetfeld, so wirkt eine Kraft auf die Ladung, die senkrecht sowohl zur Bewegungsrichtung als auch zur Richtung des Magnetfeldes steht.

Andere Physiker behaupten, dass dieses Phänomen nicht etwas grundlegend Neues ist, sondern dass sich die Lorentz-Kraft aus dem Ampéreschen Gesetz ableiten lässt. Das ist auch richtig, nur muss man

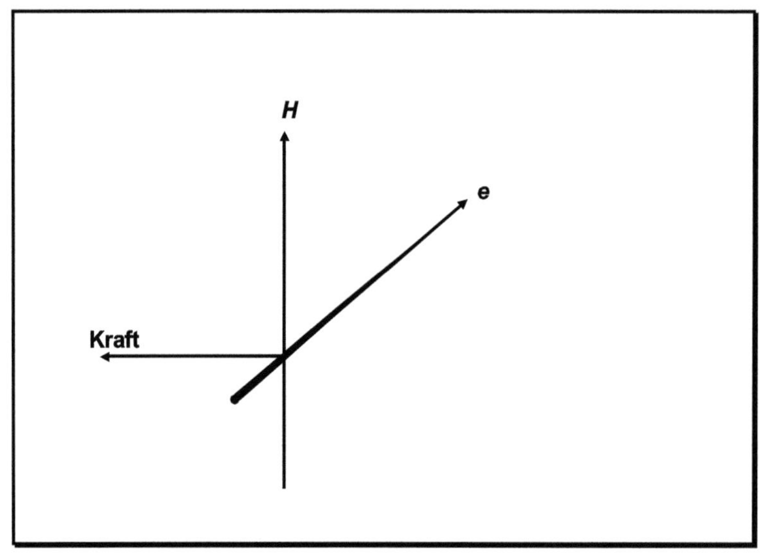

Abb.3.5. Die Lorentz-Kraft.

*Wenn eine elektrische Ladung – hier ein Elektron **e** – sich in einem Magnetfeld **H** bewegt, dann wird es durch die Lorentz-Kraft abgelenkt – senkrecht zur Bewegungsrichtung der Ladung und senkrecht zur Richtung des Magnetfeldes.*

dazu die Relativitätstheorie zu Hilfe nehmen. So ist es auch oft reine Ansichtssache, welche Phänomene grundlegend sind und welche sich aus den anderen ableiten lassen. Letzten Endes ist es ja so, dass alles wie ein Puzzle zusammenpassen muss, wobei das eine aus dem anderen folgt. Es ist nur manchmal leichter darzustellen, wenn man von bestimmten Phänomenen ausgeht und die als grundlegend betrachtet, auch wenn sie sich bei einer Erweiterung des Weltbildes als ableitbar aus anderen Phänomenen erweisen. Das ist ja gerade die Erweiterung und Verallgemeinerung, die höhere Warte, die man sucht.

Wir haben alle – vielleicht nur fast alle – die Versuche im Physikunterricht gesehen, bei denen zwei Drähte, durch die Ströme fließen, sich gegenseitig anziehen, wenn die beiden Ströme parallel fließen und sich gegenseitig abstoßen, wenn die beiden Ströme antiparallel fließen. Die Erklärung für diese Erscheinung ergibt sich leicht aus dem Zusammenspiel der beiden Phänomene, Ampéresches Gesetz, und Lorentz-Kraft. Der eine Stromleiter erfährt die Lorentz-Kraft im Magnetfeld des zweiten Leiters.

Mit der Lorentz-Kraft können wir Elektromotoren bauen, Staubsauger und Lokomotiven betreiben. Mit der Lorentz-Kraft können wir die Elektronen in der Fernsehröhre steuern und damit die Bilder der Tagesschau und der Krimis auf dem Schirm erzeugen. Auch die Darstellung der E-Mail Texte auf dem PC Monitor werden damit erst möglich (in den neuen Flachbildschirmen läuft das anders).

Das dritte Phänomen, das wir behandeln wollen, schließt gewissermaßen den Reigen der Phänomene, der die ganze Elektrodynamik beschreibt. Das ist die Induktion.

Wenn wir eine Drahtschleife in einem Magnetfeld anbringen und das Magnetfeld, das durch die Drahtschleife geht, ändern, dann entsteht in der Drahtschleife ein Strom, man sagt, es wird ein Strom bzw. eine Spannung, die zum Strom führt, in der Drahtschleife induziert.

Dabei ist es gleichgültig, ob wir die Drahtschleife aus dem Magnetfeld entfernen, oder ob wir das Magnetfeld abschalten, oder ob wir die Drahtschleife so drehen, dass das Magnetfeld, das durch die Schleife geht, geändert wird. In allen Fällen wird ein Strom induziert.

Wenn die Stromschleife im Magnetfeld bewegt wird, oder wenn sie aus dem Magnetfeld herausgenommen wird, können wir auch die Entstehung des induzierten Stromes durch die Lorentz-Kraft erklären. Im letzteren Fall muss sich zwangsläufig ein Teil des Kupferdrahtes im Magnetfeld bewegen, während der andere Teil sich schon außerhalb des Magnetfeldes befindet. Dann entsteht durch die Lorentz-Kraft in dem Teil, der sich noch im Magnetfeld befindet, ein Strom, der nicht mehr kompensiert wird, weil in dem Teil, der sich schon außerhalb des Magnetfeldes befindet, kein Strom entsteht.

Wir sehen, dass die Lorentz-Kraft in der Erscheinung der Induktion enthalten ist. Die Induktion beinhaltet aber auch die zeitliche Änderung des Magnetfeldes. Der dabei induzierte Strom, bzw. die dabei induzierte Spannung lässt sich nicht durch die Lorentz-Kraft erklären.

Anders ausgedrückt, um ein sich änderndes Magnetfeld entsteht eine elektrische Kraft, wird eine elektrische Kraft induziert, wie man sagt. Und genau das steht in der zweiten Maxwellschen Gleichung. In dieser Gleichung steht, dass sich ein ring- oder kreisförmiges elektrisches Feld um ein Magnetfeld ausbildet, wenn das Magnetfeld sich ändert (Abb.3.6).

Man erkennt eine gewisse Symmetrie zwischen den beiden ersten Gleichungen. Wenn die Stromdichte j nicht da wäre, könnten wir die beiden Felder, das magnetische Feld H und das elektrische Feld E gegeneinander vertauschen, ohne dass sich die Struktur der beiden Gleichungen ändert.

Wir kommen darauf noch zurück. Wir wollen uns aber vorher noch mit dem ersten Term auf der rechten Seite der ersten Gleichung etwas genauer beschäftigen, sehen, was dahintersteckt, damit wir besser verstehen können, was diese Symmetrie beinhaltet, und uns etwas genauer mit dem elektrischen Feld beschäftigen.

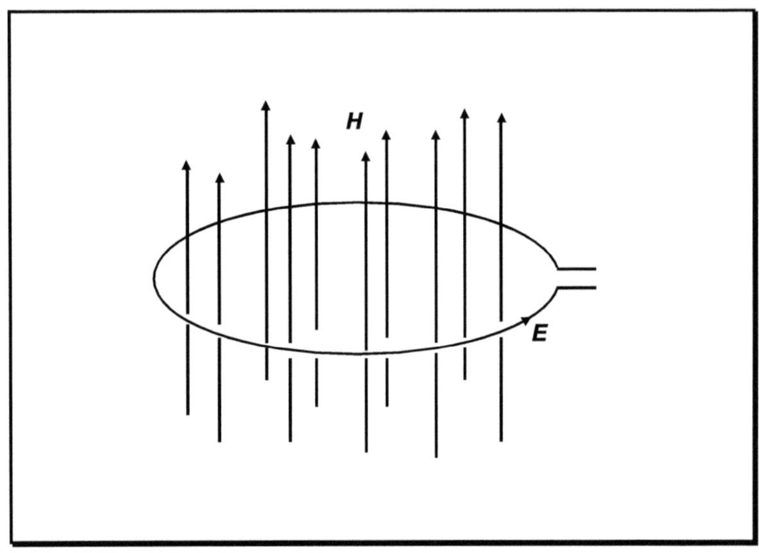

Abb.3.6. Induktion.

*Wenn das Magnetfeld **H** sich ändert, dann entsteht ein elektrisches Feld **E** um dieses Magnetfeld.*

Legt man einen Kupferdraht um das Magnetfeld, dann erzeugt das entstandene elektrische Feld einen Strom im Kupferdraht.

Stellen wir uns zwei parallele Metallplatten vor. Die eine Platte soll einen Überschuss an Elektronen haben, also negativ geladen sein. Die andere Platte soll ein Defizit an Elektronen haben, also positiv geladen sein. Wir erreichen das leicht, indem wir die eine Platte durch einen Kupferdraht mit dem Minuspol einer Batterie und die andere Platte mit dem Pluspol der Batterie verbinden. Strom fließt dabei keiner, weil ja die beiden Platten durch einen Zwischenraum getrennt sind. Aber dieser Zwischenraum ist mit einem elektrischen Feld ausgefüllt. Ein einzelnes frei schwebendes Elektron in diesem Zwischenraum würde von der negativ geladenen Platte abgestoßen und von der positiv geladenen Platte angezogen. Es würde sich also unter dem Einfluss der elektrischen Kraft zwischen den beiden Platten in Bewegung setzen.

Wir haben also zwischen den beiden Platten ein elektrisches Feld, dessen Feldlinien quer über den Zwischenraum von der einen Platte zur anderen Platte reichen. Wenn wir nun die Batterie durch einen weiteren Kupferdraht ersetzen, dann fließen Elektronen durch diese Leitung von der Platte mit Elektronenüberschuss in die Platte, wo zu wenig Elektronen sind, denn die Elektronen im Kupferdraht werden ja durch die elektrischen Kräfte, die von den Platten ausgehen, entsprechend getrieben. D.h. es fließt ein Strom von der einen Platte durch die Leitung in die andere Platte.

Nach der ersten Maxwellschen Gleichung entsteht dabei ein Magnetfeld um den Kupferdraht. Was passiert nun mit dem elektrischen Feld zwischen den Platten? Nun, der Strom fließt so lange, bis der Elektronenüberschuss der einen Platte das Defizit der anderen Platte ausgeglichen hat. Dann passiert nichts mehr. Es fließt kein Strom mehr, und das elektrische Feld zwischen den Platten ist auch verschwunden.

Aber während der Strom fließt – das ganze läuft übrigens sehr schnell ab – bildet sich nicht nur um den Kupferdraht ein Magnetfeld aus, sondern auch um die Platten – und zwar so, als würde zwischen den Platten durch den Zwischenraum auch ein Strom fließen, als würde er durch die Verschiebung der Ladung von der einen Platte zur anderen entstehen. D.h. auch das sich ändernde elektrische Feld zwischen den Platten – es ändert sich ja von einem bestimmten Wert zu Null – bildet ein Magnetfeld aus.

Das gleiche passiert wieder, wenn wir die Platten mit Hilfe der Batterie erneut aufladen. Auch dann fließt ein Strom durch die Leitung; die Batterie pumpt Elektronen von der einen Platte in die andere und erzeugt so wieder das Elektronenungleichgewicht und damit auch das elektrische Feld zwischen den Platten. Auch hierbei bildet sich ein Magnetfeld aus, sowohl um die Kupferleitung als auch um die Platten. So als würde auch durch den Zwischenraum ein Strom fließen.

Und genau das steht in der ersten Maxwellschen Gleichung. Sowohl der Strom j als auch das sich ändernde elektrische Feld E erzeugen ein Magnetfeld H, dessen Kraftlinien sich wie konzentrische Kreise um die stromführende Leitung und um das sich ändernde elektrische Feld legen. Je nachdem ob sich das elektrische Feld aufbaut oder abbaut, ändert sich die Richtung des magnetischen Feldes.

Mit den Wörtern „aufbauen" und „abbauen" habe ich bereits etwas Wichtiges angedeutet. Der ganze Vorgang, der Aufbau des Magnetfeldes um den stromdurchflossenen Draht geschieht nicht plötzlich und auch nicht im ganzen Raum gleichzeitig.

Wenn der Strom eingeschaltet wird, fängt der Aufbau des Magnetfeldes in unmittelbarer Nähe des Kupferdrahtes an. Würde das Magnetfeld plötzlich entstehen, dann würde es nach der zweiten Gleichung eine unendlich große elektrische Feldstärke induzieren, und das geht nicht; schon aus energetischen Gründen nicht, d.h. das Magnetfeld entsteht langsam.

Die elektrische Feldstärke, die dabei nach der zweiten Gleichung entsteht, hat die entgegengesetzte Richtung von der ursprünglichen Feldstärke, mit der wir den Strom im Kupferdraht erzeugt haben. Dafür sorgt das negative Vorzeichen in der Gleichung. Das bedeutet aber, dass der Strom im Kupferdraht gebremst wird. Diese Selbstinduktion, also eine Rückwirkung des entstehenden Magnetfeldes auf den Strom durch Induktion, sorgt also auch dafür, dass der Strom nicht plötzlich in voller Stärke fließen kann. Er baut sich durch diesen Bremseffekt langsam auf, nachdem der Schalter zur Batterie geschlossen wird. Langsam heißt hier allerdings für menschliche Verhältnisse überaus schnell, aber eben nicht plötzlich. Diese Erscheinung, dass das induzierte Feld dem ursprünglichen Feld entgegenwirkt, ist auch als Lenz'sche Regel bekannt, (*Heinrich Lenz (1804 – 1865)*).

Auch kann das Magnetfeld nicht überall gleichzeitig entstehen, denn dann würde das induzierte elektrische Feld mit wachsendem Abstand vom Draht immer größer werden; in einer sehr großen Drahtschleife, die parallel zum Kupferdraht läge, wäre das eine sehr große Änderung des gesamten Magnetfeldes und damit auch eine sehr große induzierte Feldstärke. Daher muss das Magnetfeld sich mit einer endlichen Geschwindigkeit vom Draht her ausbreiten.

Wenn wir das nun zusammenfassen, sehen wir, es passiert etwas ganz Merkwürdiges. Wenn sich ein elektrisches Feld ändert, bildet sich um dieses elektrische Feld ein magnetisches Feld. Wenn das elektrische Feld schwingt, also dauernd seine Richtung ändert, ändert auch das magnetische Feld dauernd seine Richtung, schwingt also mit derselben Frequenz. Um das sich ändernde magnetische Feld bildet sich aber wiederum ein elektrisches Feld aus, welches wiederum ein magnetisches Feld ausbildet usw. Es entsteht eine Welle von schwingenden elektrischen und magnetischen Feldern, die sich vom ersten schwingenden elektrischen Feld ausbreitet – eine elektromagnetische Welle (Abb.3.7).

Die Frequenz dieser Schwingung ist gleich der Frequenz der ersten Schwingung. Die erste Schwingung stellt also die Antenne dar, die die elektromagnetische Welle abstrahlt. Mit ein wenig Mathematik, die ich hier aber nicht vorführen will – das ermüdet nur – ergibt sich, dass die Ausbreitungsgeschwindigkeit nur durch den Koeffizienten *c* gegeben ist. Man erhält die wohlbekannte Geschwindigkeit der elektromagnetischen Welle $c = 300\,000$ km/sek. Auch wenn nur einmal der Strom eingeschaltet wird und das dabei entstehende Magnetfeld sich ausbreitet – wie vorhin beschrieben – geschieht das mit dieser Geschwindigkeit.

Die Maxwellschen Gleichungen beschreiben also auch die Ausbreitung der elektromagnetischen Welle. Dazu gehört das ganze Spektrum von Radiowellen, Langwellen, Kurzwellen, UKW, Wärmestrahlung (Infrarotstrahlung), Licht (rot, gelb, grün, blau, violett), Ultraviolett bis zur Gammastrahlung.

All diese Wellen unterscheiden sich nur durch die Frequenz. Die Geschwindigkeit ist für alle gleich. Damit haben wir auch das Licht als elektromagnetische Welle im Rahmen der klassischen Elektrodynamik mit Hilfe der Maxwellschen Gleichungen beschrieben. Wir erahnen damit die ganze Welt, die in diesen Gleichungen steckt, die gesamte moderne Welt der Elektrizität und der elektronischen Kommunikation.

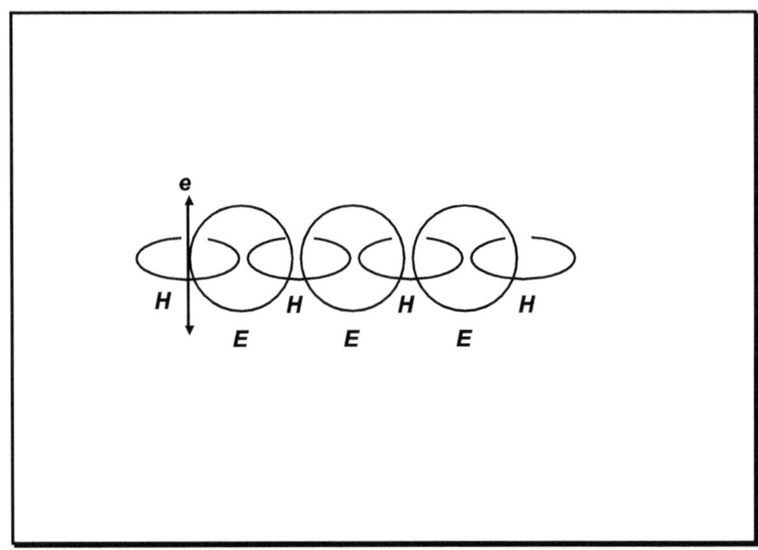

Abb.3.7. Elektromagnetische Welle.

Links in der Abbildung schwingt ein elektrisches Feld, z.B. durch einen Wechselstrom oder durch ein Elektron, das sich periodisch auf und ab bewegt.

Fortschreitend von links nach rechts sehen wir: Um dieses schwingende elektrische Feld - die Antenne - bildet sich ein magnetisches Feld, das mit derselben Frequenz schwingt. Um das sich ändernde magnetische Feld bildet sich aber wiederum ein elektrisches Feld aus, welches wiederum ein magnetisches Feld ausbildet usw. Es entsteht eine Welle von schwingenden elektrischen und magnetischen Feldern, die sich vom ersten schwingenden elektrischen Feld ausbreitet – eine elektromagnetische Welle.

Hier ist nur die Ausbreitung von links nach rechts dargestellt; tatsächlich breitet sich die Welle nach allen Seiten senkrecht zur ursprünglichen Bewegung des Elektrons aus.

Wir wollen uns mal anschauen, was ein einzelnes Elektron zur klassischen Elektrodynamik sagt, wie es sich verhält und was es bewirkt.

Angenommen ein einzelnes Elektron fliegt an uns vorbei; was merken wir? Nun, wenn es näherkommt, merken wir einen Anstieg der elektrischen Feldstärke, der Feldstärke, die von der Ladung gemäß der vierten Gleichung ausgeht. Da steht, dass die elektrische Ladung – hier als Ladungsdichte ρ geschrieben – die Quelle der elektrischen Feldstärke E ist.

Wenn das Elektron vorbeifliegt, messen wir das Maximum der Feldstärke, und wenn das Elektron sich wieder entfernt, verschwindet die elektrische Feldstärke wieder. Wir sehen also eine kurzzeitige Änderung der elektrischen Feldstärke – von Null auf einen Wert E und dann wieder auf Null. Demnach müsste auch ein magnetisches Feld induziert werden, eines, das sich ebenfalls ändert. Wir sehen schon, wenn wir das weiterverfolgen, es müsste eine elektromagnetische Welle entstehen.

Das Elektron müsste, wenn es an uns vorbeifliegt, einen Lichtblitz erzeugen, eine elektromagnetische Welle in irgendeinem Frequenzbereich, abhängig von der Geschwindigkeit, mit der es vorbeifliegt. Da aber das Elektron nicht wissen kann, wo wir gerade mit unseren Messgeräten stehen, wird es auf seiner Bahn dauernd elektromagnetische Wellen abstrahlen. Die ganze Bahn des Elektrons müsste leuchten.

Wir wissen aber aus Experimenten, dass das nicht geschieht; das Elektron bewegt sich höchst unauffällig. Auch könnte es gar nicht dauernd Licht abstrahlen, ohne sofort vor Erschöpfung zu verschwinden. Es müsste ja die Energie für das Licht irgendwo hernehmen, etwa abgebremst werden.

Nun, was geschieht dann?

Das Elektron sendet tatsächlich laufend elektromagnetische Wellen aus. Aber die Welle, die es in einem Augenblick ausgesendet hat, interferiert mit der Welle, die es im nächsten Augenblick, etwas später, aussendet. Und wenn der nächste Augenblick zeitlich einer halben Wellenlänge entspricht, dann löschen sich die beiden Wellen durch Interferenz aus.

Nun findet man zu jedem Zeitpunkt auf der Bahn des Elektrons einen später liegenden Zeitpunkt, von dem eine Welle ausgeht, die gerade die erste Welle auslöscht. Im Endeffekt strahlt also das Elektron nichts ab, solange es sich gleichförmig, d.h. mit konstanter Geschwindigkeit, bewegt. Man kann es auch so auffassen, als ob das Elektron dauernd Photonen emittiert, die sofort wieder von ihm absorbiert werden.

Wenn aber die Bewegung des Elektrons gestört wird, wenn es z.B. durch eine andere Ladung abgelenkt wird, dann stimmt das Interferenzmuster mit der totalen Auslöschung nicht mehr. Dann bleibt tatsächlich elektromagnetische Strahlung übrig. Das Elektron, das seinen Bewegungszustand ändert, sei es durch Änderung des Betrages seiner Geschwindigkeit, wenn es auf ein Hindernis stößt, oder sei es durch die Änderung der Richtung seiner Geschwindigkeit, das strahlt elektromagnetische Wellen ab, sogenannte Bremsstrahlung.

Diese Strahlung lässt sich auch messen, z.B. als schwache Strahlung vom Fernsehschirm, weil in der Fernsehröhre die Elektronen abgelenkt werden, um die Bilder auf dem Schirm zu erzeugen und schließlich abgebremst werden, wenn sie auf den Schirm treffen. Hier verhalten sich die Elektronen durchaus klassisch, richten sich brav nach der klassischen Elektrodynamik.

Aus demselben Grund müssten sie aber auch Licht abstrahlen, wenn sie sich im Atom um den Kern bewegen. Auf der Kreisbahn ändern sie ja dauernd die Richtung ihrer Bewegung – damit sind wir schon wieder bei den bereits geschilderten Schwierigkeiten. Hier stoßen wir auf die Grenzen der klassischen Elektrodynamik.

Mir ging es darum, an Hand der Elektrodynamik zu zeigen, wie man aus wenig vorgegebenen Tatsachen das Verständnis für die vielen verwirrenden Erscheinungen entwickeln kann. Dabei muss man sich vergegenwärtigen, was uns die Natur als gegeben vorsetzt, kann man nicht „verstehen" im Sinne von logisch per se folgern.

Wir können nicht „verstehen", warum sich um einen elektrischen Strom ein Magnetfeld ausbildet, oder warum es elektrische Ladungen gibt, wir können es nur als gegeben hinnehmen.

Natürlich können wir im Rahmen einer weiteren Theorie der Elementarteilchen das Vorhandensein von Ladungen erklären. Aber dann haben wir das Problem des Verstehens nur auf eine allgemeinere Stufe gehoben. Auch in einer solchen umfassenderen Theorie gibt es dann Dinge, die wir als von der Natur gegeben hinnehmen müssen.

Die Kunst besteht darin, auseinanderzuhalten, was uns die Natur vorsetzt, und was wir daraus folgern können, um so unser Gedankengebäude auf möglichst wenigen Voraussetzungen aufzubauen – das ist es, was uns das Gefühl des Verstehens gibt.

Auch ist nichts Mystisches oder Übernatürliches in der Natur vorhanden – was nicht bedeutet, dass wir mit unserem Gehirn alles verstehen können. Es liegt aber so viel Wunderbares – für uns offen oder noch versteckt – in der Natur, dass schon dadurch unsere Ehrfurcht davor geweckt wird.

4. Tag, Antimaterie, allgemeine Relativität und Gravitation.

Nun zurück zum Elektron. Das Elektron zeigte nach der alten, „klassischen" Vorstellung Geschwindigkeiten, die weit über der Lichtgeschwindigkeit lagen, d.h. in dieser Vorstellung war etwas grundlegend falsch. Die Vorstellung von dem Elektron als kleiner rotierenden Kugel musste aufgegeben werden - aber was ist es dann?

Das Elektron lässt sich nicht ohne Widersprüche mit dem Werkzeug aus den beiden Theorien Elektrodynamik und Relativitätstheorie beschreiben.

Das Verhalten des Elektrons lässt sich mit Hilfe der Quantentheorie beschreiben - nur über die Struktur des Elektrons weiß man immer noch nichts, und dann kam dieser vorhin erwähnte Schönheitsfehler hinzu, dass die Quantentheorie und die Relativitätstheorie sich nicht vertragen.

Wir kommen nun - wie vorhin versprochen - zurück zu einem experimentellen Beispiel für das Korrespondenzprinzip.

Von der Vorstellung, das Elektron wäre eine kleine rotierende Kugel, mussten wir uns verabschieden. Den Spin als mechanischen Eigendrehimpuls des Elektrons zu deuten, führte zu großen Schwierigkeiten. Trotzdem kamen Einstein und de Haas auf die Idee, in einem Stück Eisen mit Hilfe eines Elektromagneten die magnetischen Momente der Elektronen in den Eisenatomen auszurichten, d.h. alle in dieselbe Richtung zu kippen. Normalerweise zeigen sie alle in verschiedene Richtungen, die Richtungen sind zufällig verteilt. Nur wenn das Eisenstück magnetisch ist, zeigen sie mehr oder weniger in eine gemeinsame Richtung. Und das wollten Einstein und *Wander Johannes de Haas (1878 – 1960)* mit einem äußeren Magnetfeld erreichen. Wenn dabei dann notwendigerweise auch die mechanischen Eigendrehimpulse dieser Elektronen in dieselbe Richtung umklappten, müsste das bei den vielen Elektronen zu einem gemeinsamen Effekt führen, das Eisenstück müsste sich drehen.

Und siehe da, als der Strom für das Magnetfeld, das die magnetischen Momente der Elektronen ausrichten sollte, eingeschaltet wurde, drehte sich auch das Eisenstück.

Gleichzeitig fing der Kabelschacht des Institutes durch diesen starken Stromstoß Feuer. Das führte dazu, dass Einstein und de Haas auf Grund des Experimentes berühmt wurden und gleichzeitig im Institut Experimentierverbot bekamen.

Der Versuch ist sicher später unter größeren Vorsichtsmaßnahmen wiederholt worden. Er zeigt, dass, obwohl wir den Spin des Elektrons nicht einfach als mechanischen Eigendrehimpuls beschreiben können, die Summe all dieser Spins einen klassischen Drehimpuls ergibt, d.h. es existiert eine klassische Korrespondenz zum quantenmechanischen Spin.

Ungefähr zur selben Zeit, als Schrödinger seine Gleichung, mit der er das Elektron als Welle beschreiben konnte, aufstellte, entwickelte Heisenberg eine Theorie, in der er die Sprünge der Elektronen im Atom in einer Tabelle anordnete. Die Spalten der Tabelle wurden nach den Quantenzahlen der möglichen Anfangszustände geordnet, die Zeilen nach den Quantenzahlen der Endzustände, und in den einzelnen Rubriken stand die sogenannte Übergangswahrscheinlichkeit, die Wahrscheinlichkeit mit der ein solcher Sprung stattfinden kann. Solche Tabellen heißen in der Mathematik Matrizen - die ganze Theorie wurde dementsprechend mit dem Namen Matrizenmechanik belegt.

Die Schrödingersche Wellenmechanik und die Heisenbergsche Matrizenmechanik schienen zunächst zwei vollständig verschiedene Theorien zu sein, obwohl sie beide gleich gut das Verhalten der atomaren Welt beschreiben - beide auch wieder, ohne dass wir wissen warum. *Paul A.M. Dirac (1902 – 1984)* gelang es dann zu zeigen, dass die beiden Theorien identisch sind, dass es sich nur um zwei verschiedene Darstellungsweisen einer Theorie handelt. Damit war auch verständlich, warum die beiden Theorien gleich gut waren - und gleich unverständlich.

Diese gemeinsame Theorie arbeitet mit einem mathematischen Formalismus, der schon Anfang des 20. Jahrhunderts vom Mathematiker *David Hilbert (1862 – 1943)* entwickelt wurde, ohne zu wissen, welche Anwendung er in der Physik finden sollte.

Mit diesen Vorstellungen der Quantentheorie konnte man einigermaßen das Verhalten der Atome mit ihren Elektronenhüllen beschreiben. Aus den Spektren der Atome, den bunten Streifen, die entstehen, wenn man das von den Atomen bei den Sprüngen der

Elektronen von einer Bahn zur anderen emittierte Licht durch ein Glasprisma schickt, konnte man sehen, wie die Elektronen sich auf verschiedene Bahnen verteilen - wie die Planeten um die Sonne. Mit den Quantenzahlen hielt man Ordnung in dieser kleinen Welt.

Aber Fragen blieben immer noch offen, u.a. die Frage, warum die Elektronen sich nicht alle in der tiefsten Bahn sammeln. Das wäre doch der stabilste Zustand, wie wir vorhin gesehen haben.

Um das zu beschreiben - ich sage absichtlich nicht „verstehen", nur „beschreiben" - musste wieder ein Postulat aufgestellt werden.

Nun, ein Postulat ist nichts anderes als eine Erklärung im Sinne von „so isses eben".

Wir kennen schon einige Postulate, haben uns nur so an solche Postulate gewöhnt, dass wir sie gar nicht mehr als solche empfinden und erkennen. Sie haben für uns die Form der Selbstverständlichkeit erreicht, wie z.B. das Postulat: „Jede Tasse, die wir loslassen, fällt zu Boden."

Auch das ist ein Postulat. Nur klingt das sehr unwissenschaftlich. Deshalb hat man es anders ausgedrückt: „Massen ziehen sich gegenseitig an". Newton formulierte das so, und man spricht deshalb vom Newtonschen Gravitationsgesetz. In dem Spezialfall, der in der Küche gilt, bedeutet das, die Erde zieht die Tasse an, mit einer bestimmten Kraft, oder genauer, die Erde und die Tasse ziehen sich gegenseitig an. Weil eine Tasse schwer ist, heißt die Kraft auch

Schwerkraft. Sie beträgt im Falle der Tasse 300 Gramm; jedenfalls zeigt meine Briefwaage das an, wenn ich die Tasse daraufstelle.

Nicht nur die Erde zieht die Tasse mit dieser Kraft an, auch die Tasse zieht die ganze Erde mit derselben Kraft an. Sie ziehen sich eben gegenseitig an.

Die etwas allgemeinere Formulierung unseres Tassenpostulats durch die Gravitationskraft hat den Vorteil, dass wir erkennen, dass für unsere Tasse die gleiche Gesetzmäßigkeit gilt wie für die Bahn des Mondes, sowie für Ebbe und Flut. Das alles lässt sich aus dem Newtonschen Postulat der Massenanziehung erklären. Damit hat man zwar noch nicht „verstanden", warum die Tasse zu Boden fällt, aber man hat gedanklich Ordnung in die verschiedenen Erscheinungen gebracht.

Nun zurück zum Pauliprinzip! Das Postulat, aus dem folgt, dass die Elektronen sich nicht alle in der tiefsten Bahn drängeln können, wurde von *Wolfgang Pauli (1900 – 1958)* formuliert, daher der Name Pauliprinzip. Dazu müssen wir nun doch etwas ausholen.

Der Spin des Elektrons hat noch eine merkwürdige Eigenart. Man könnte meinen, diese kleinen Kreisel sind auf den Bahnen so verteilt, dass deren Drehachsen - alles in der klassischen Vorstellung, die ja nicht zulässig ist - wild in alle Richtungen zeigen. Das ist nicht der Fall. Sobald man ein Magnetfeld von außen an das Atom legt - das braucht man, um überhaupt den Spin des Elektrons registrieren zu können - stellen sich die Elektronen so ein, dass der Spin bezüglich dieses äußeren Magnetfeldes entweder in dieselbe Richtung zeigt oder in die entgegengesetzte Richtung. Nur diese beiden Zustände sind möglich.

Dasselbe passiert natürlich auch in der Elektronenhülle, wenn der Atomkern selbst ein Magnetfeld besitzt, oder wenn die ganze Elektronenhülle ein Magnetfeld erzeugt. Wenn ein Elektron mit seiner elektrischen Ladung um den Atomkern kreist, ist das ja dasselbe wie ein Strom in einer Spule. Das Elektron erzeugt durch seine Kreisbahn ein sogenanntes Bahndrehmoment und damit auch ein magnetisches Moment. Das sind also zwei verschiedene Drehmomente. So wie die Erde, die einmal im Jahr um die Sonne kreist, ein Bahndrehmoment hat und durch die Eigenrotation - einmal pro Tag - einen Spin besitzt, hat also jedes Elektron in der Hülle des Atoms einen Bahndrehimpuls neben seinem Spin. Und weil das Elektron elektrisch geladen ist, erzeugt es die entsprechenden Magnetfelder, nämlich das magnetische Moment durch die Bahn um den Atomkern und das magnetische Moment durch den Spin.

In dem für das Elektron äußeren Magnetfeld - entweder in dem, das wir von außen durch eine Spule anlegen, oder in dem, das die anderen Elektronen zusammen erzeugen, oder in dem, das der Atomkern selbst hat, oder in der Summe aller drei Magnetfelder - in diesem äußeren Magnetfeld stellt sich der Spin ein mit einer der beiden Möglichkeiten, parallel oder antiparallel.

Auch diese Möglichkeiten werden durch Quantenzahlen nummeriert. Weil aber der Spin nur zwei Einstellmöglichkeiten hat, nummeriert man diese nicht mit 1 und 2, sondern zweckmäßigerweise mit + (plus) und − (minus) oder, weil Englisch halt inzwischen die Sprache der Wissenschaft geworden ist, mit „up" und „down".

Das Pauliprinzip besagt nun, dass Elektronen, die sich auf ein und derselben Bahn befinden, unterschiedliche Quantenzahlen haben müssen.

In der untersten Bahn haben also nur zwei Elektronen Platz, eines mit der Quantenzahl + (plus) und eines mit der Quantenzahl − (minus).

Mit diesem Prinzip konnte man schon viel besser das periodische System von *Dmitri Mendeleev (1834 − 1907)* der Elemente beschreiben, die ganze Chemie wurde damit „verständlich". Man „wusste" nun, warum die Alkalimetalle einwertig sind, warum die Edelgase keine chemischen Verbindungen eingehen, ja man konnte sogar erklären, warum gerade Eisen, Kobalt und Nickel magnetisch sein können.

Vielleicht klingt das alles verwirrend, vor allem fragt man sich, warum die klassischen Bilder hier wieder zur Geltung kommen sollen. Die Bilder sollen aber nur helfen zu zeigen, wie die Beschreibung mit Quantenzahlen entstanden ist. Wir dürfen sie als Gedächtnisstütze verwenden, zur Erinnerung daran, was die Quantenzahlen bedeuten. Wir dürfen aber nichts aus den Bildern folgern, zumindest muss man sehr vorsichtig sein. Sonst würde man schnell auf unverständliche

Schwierigkeiten stoßen. Bahnen, Kreisel und ähnliche Dinge sind also nur korrespondierende klassische Begriffe zu den quantenmechanischen Größen, mit denen die Natur im Mikrokosmos zu beschreiben ist.

Die vorhin erwähnte Schwierigkeit mit der Schrödinger-Gleichung, die nicht mit der Relativitätstheorie in Einklang zu bringen war, beschäftigte etliche theoretische Physiker. Pauli, Dirac, Gordon u.a. suchten nach Gleichungen, d.h. Beschreibungen, die verschiedene Forderungen erfüllen mussten.

Pauli stellte eine Gleichung auf, die eine Erweiterung der Schrödinger-Gleichung darstellte. Wir hatten schon den Spin des Elektrons kennengelernt und dessen Eigenart, sich in einem äußeren Magnetfeld auf nur zwei Arten auszurichten. Diese Eigenart war in der ursprünglichen Schrödinger-Gleichung noch nicht berücksichtigt worden. Die Pauli-Gleichung aber konnte das mitberücksichtigen. Doch auch die Pauli-Gleichung war noch nicht lorentzinvariant, d.h. die Anhänger der Relativitätstheorie erhoben Einspruch gegen die Pauli-Gleichung. Es musste weitergesucht werden.

Walter Gordon (1893 – 1939) und Dirac stellten dann eine Gleichung auf, die offensichtlich allen Ansprüchen genügte. Die Schrödinger-Anhänger waren zufrieden, weil alles, was sie mit der Schrödinger-Gleichung beschreiben konnten, auch mit der Dirac-Gleichung (eigentlich hat Gordon sie zuerst gefunden) beschrieben werden konnte. Die Pauli-Anhänger waren zufrieden, weil auch der

Elektronenspin berücksichtigt worden war, und die Relativisten waren zufrieden, weil die Dirac-Gleichung auch noch lorentzinvariant war. Das war wie im Parlament, man hatte endlich ein Gesetz gefunden, mit dem alle Parteien zufrieden waren.

Dann entdeckte man etwas sehr Merkwürdiges in der Dirac-Gleichung. Es zeigte sich, dass, wenn man die Energie eines Teilchens ausrechnete, die Energie auch negativ sein konnte. Das war natürlich grober Unfug. Negative Energie gibt es in der Physik nicht, zumindest in der klassischen Physik nicht.

Das ist so, als wenn ich ein Grundstück von 200 m^2 Größe hätte. Dann sind die Seitenlängen dieses Grundstückes 10 m und 20 m. Darauf kann ich gut ein Haus bauen. Aber auch ein Grundstück mit minus 10 m und minus 20 m Seitenlänge ist ein Grundstück mit 200 m^2 Größe. Nur, ein Grundstück mit negativen Seitenlängen habe ich noch nie gesehen.

Natürlich könnte man sagen, gut, die negativen Energien ignorieren wir einfach; es sollen halt nur die positiven Lösungen der Gleichung für die Energien gelten. Aber eine Theorie, die mehr beschreibt, als die Natur erlaubt, ist unschön. Man muss dann immer dazu sagen, wann sie nun gilt und wann sie nicht gilt - und auch noch erklären, warum sie dann nicht gilt.

Trotzdem setzte sich Dirac darüber hinweg und behauptete, auch die negativen Energien kämen in der Natur vor. Er stellte sich das

Nichts wie einen riesigen See vor, vollgefüllt mit Elektronen, die alle negative Energien haben (Abb.4.1).

Dieser mit Elektronen vollgefüllte See tritt normalerweise nicht in Erscheinung. Aber es kann passieren, dass ein Elektron aus diesem See aus einem elektromagnetischen Strahlungsfeld Energie aufnimmt und damit in die Welt der positiven Energien gelangt. Es erscheint plötzlich ein Elektron.

Und im See bleibt eine Lücke. Dort, wo das Elektron herkommt, entsteht ein Loch. Weil die Umgebung in der Tiefe des Sees aus lauter geladenen Elektronen besteht, erscheint dieses Loch mit der entgegengesetzten Ladung.

Nun hat man viel früher ungeschickterweise die Ladung des Elektrons als negativ bezeichnet. Man hat das beibehalten, weil es im Grunde genommen gleichgültig ist, mit welchem Vorzeichen wir die Ladung belegen. Das Elektron wurde nun mal mit negativer Ladung getauft. Wollte man das ändern, gäbe es nur ein großes Durcheinander - ohne Vorteil. So, wie wenn man plötzlich auf die Idee käme, den weiblichen Teil der Menschheit mit Mann zu bezeichnen und den männlichen Teil mit Frau. Man stelle sich das Durcheinander vor mit Herr Mutter und Frau Vater.

Deshalb soll man es lieber dabei belassen, das Elektron hat nun mal eine negative Ladung - per definitionem.

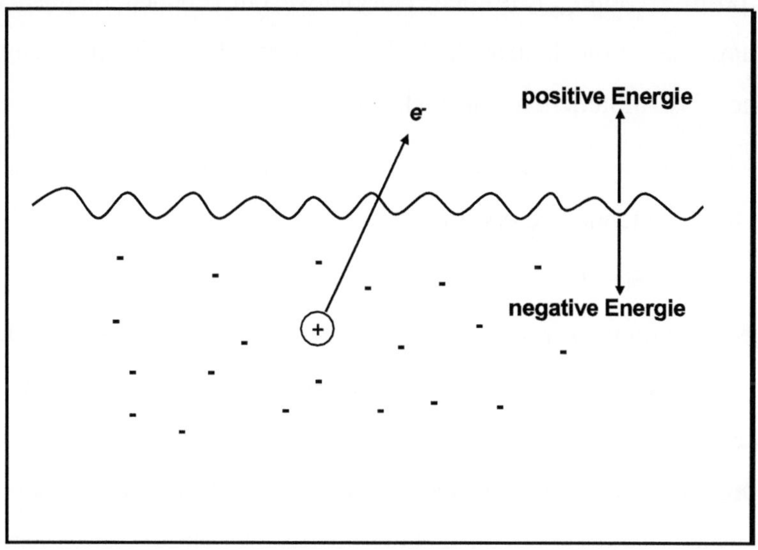

Abb.4.1. Dirac's Elektronensee.

Dirac stellte sich das Nichts vor als einen See aus Elektronen mit negativer Energie, den wir nicht wahrnehmen können.
Gelangt jedoch ein Elektron aus diesem See durch Energieaufnahme in die Welt der positiven Energie darüber, erscheint neben diesem Elektron auch ein Positron – das ist das übriggebliebene positive Loch im Elektronensee.

Aber das Loch, das das Elektron im See hinterlässt, hat dadurch eine positive Ladung. Das Loch erscheint wie ein Teilchen mit positiver Ladung. Das wurde dann auch als Positron bezeichnet. Und man nannte es auch das Antiteilchen zum Elektron.

Bis jetzt war es nur theoretisch da, nur um die negative Energie in der Dirac-Gleichung zu erklären.

Wenn die Theoretiker etwas vorhersagen, machen sich die Experimentalphysiker sofort auf die Jagd, um entweder das zu finden, was die Theoretiker behaupten, oder, was sie viel lieber tun, zu beweisen, dass es Unsinn ist. Sie tun das im Allgemeinen nicht, um die Theoretiker zu ärgern, sondern um die Theorie zu prüfen. Je eingehender eine Theorie auf Fehler geprüft worden ist, umso stärker geht sie aus der Prüfung hervor - wenn sie nicht widerlegt wird. Natürlich ist auch das Motiv Ehrgeiz dabei - Physiker sind auch nur Menschen. Und berühmt werden möchten die meisten.

Und die Experimentatoren unter der Leitung von *Carl Anderson (1905 – 1990)* fanden auch das Positron. Aus einem elektromagnetischen Feld konnten plötzlich ein Elektron und ein Positron entstehen. Das Elektron aus dem See mit negativer Energie hatte die entsprechende Energiemenge aus dem elektromagnetischen Feld eingefangen, die es brauchte, um den Sprung in die reale Welt mit positiver Energie zu vollführen. Gleichzeitig war das Positron - das zurückgebliebene Loch im See - entstanden, das Elektron mit der negativen Ladung und das Positron mit der positiven Ladung.

Das Positron hatte auch dieselbe Masse wie das Elektron - bestand aber nicht aus gewöhnlicher Materie, sondern aus Antimaterie, es war ja das Antiteilchen zum Elektron. Es hatte auch einen Spin, genauso groß wie der des Elektrons und ein entsprechendes magnetisches Moment, war also auch wie eine kleine rotierende Kugel aus Antimaterie. Das Elektron hatte eine echte Zwillingsschwester bekommen.

Was nun Materie und was Antimaterie ist, ist auch reine Definitionssache. Wir hätten ja genauso gut unsere Materie Antimaterie nennen könne. Aber das hätten schon die griechischen Philosophen machen müssen, und wir hätten halt drei Jahrtausende auf die Entdeckung der Materie warten müssen. Das ist ungefähr so, als würde man alle Männer Antifrauen nennen oder auch umgekehrt alle Frauen Antimänner.

Noch mehr aus der Theorie wurde bestätigt. Die absorbierte Energie E aus dem Strahlungsfeld stimmt genau mit der vorhin erwähnten Einstein'schen Gleichung überein mit m als gemeinsamer Masse der beiden Partikel.

Auch der umgekehrte Vorgang erwies sich als möglich. Das Elektron, entweder das gerade geschaffene oder ein anderes, konnte in das Loch im See hineinfallen. Dann verschwanden sowohl das Elektron als auch das Loch, das Positron, und die frei werdende Energie erschien als elektromagnetische Strahlung, als γ-Strahlung, als Photon.

Das ist der sogenannte Elektronen-Positronen-Vernichtungsprozess - zum Unterschied vom Erzeugungsprozess. Energie und Materie sind also hier wieder ineinander umwandelbar.

In der klassischen Physik gibt es das Gesetz von der Erhaltung der Masse: Masse kann nicht vernichtet oder erzeugt werden, sie bleibt stets erhalten. Genauso gibt es das Gesetz von der Erhaltung der Energie: Energie kann nicht vernichtet oder erzeugt werden, sie bleibt stets erhalten. In der modernen Physik müssen wir diese beiden Gesetze zu einem Gesetz vereinen. Masse plus Energie bleibt erhalten. Untereinander können sie sich umwandeln.

Das Positron ist genauso renitent wie das Elektron gegenüber Erklärungsversuchen. Die kleine rotierende positive Ladung führt genauso zu demselben Unsinn wie beim Elektron. Aber die beiden - Elektron und Positron - gehören zusammen. Jedes Mal, wenn man versucht, das Elektron zu fangen, tritt auch das Positron auf - und damit automatisch das Photon; d.h. bei der Aufstellung einer Theorie, muss irgendwie das Trio Elektron, Positron und Photon als Einheit auftreten - wie, ist noch schleierhaft.

Inzwischen hat sich experimentell gezeigt, dass es nicht nur zum Elektron das Antiteilchen, das Positron gibt, sondern dass es zu jedem der vielen Elementarteilchen, die man im Laufe der Zeit gefunden hat, jeweils ein Antiteilchen gibt. Die Antiteilchen haben jedoch keine lange Lebensdauer, denn überall gibt es Materie, und wenn Antimaterie mit Materie in Berührung kommt, zerstrahlen sie beide. Es entsteht reine

Energie in Form von elektromagnetischer Strahlung - so wie beim Elektron und Positron.

Das ganze Universum besteht aus Materie, zumindest können sich nirgendwo größere Ansammlungen von Antimaterie befinden, denn an den Berührungsstellen mit der Materie müssten wir dann die überaus energiereiche Vernichtungsstrahlung sehen können. Die Astronomen haben aber nichts dergleichen gefunden.

Wahrscheinlich ist bei der Erschaffung des Universums im Urknall etwa gleich viel Materie und Antimaterie entstanden. Beide haben sich in den ersten Sekunden nach dem Urknall in einem riesigen Blitz gegenseitig vernichtet. Was wir heute an Materie im Universum vorfinden, ist das, was nach dieser Vernichtung übriggeblieben ist, also ein winziger Überschuss an Materie. Die Überreste dieses gewaltigen Blitzes hat man auch registriert, jetzt nach 10 - 15 Milliarden Jahren, als sogenannte Hintergrundstrahlung, die inzwischen auf fast den absoluten Nullpunkt abgekühlt ist. Das nur nebenbei, um zu zeigen, wie die Physik des Mikrokosmos auch im Makrokosmos der Astronomie eine Rolle spielt.

Die Antimaterie unterliegt genau wie die Materie der Gravitationskraft, d.h. ein Stein aus Antimaterie würde genauso wie ein normaler Stein zur Erde fallen - falls er nicht vorher in der Atmosphäre, die ja auch aus Materie besteht, zerstrahlen würde. Ein Stück Würfelzucker aus Antimaterie würde unter Entwicklung der vorhin berechneten Energie in einem Bruchteil einer Sekunde zerstrahlen -

sogar mit der doppelten Energiemenge, weil ja nicht nur der Antiwürfelzucker, sondern auch die entsprechende Menge normaler Materie zerstrahlen würde - also in einem unvorstellbaren Blitz. Ein Stück Antiwürfelzucker in den Kaffee geworfen, gäbe also eine größere Überraschung.

Was ansonsten Antimaterie „wirklich" ist, wissen wir nicht - genauso wenig wie wir wissen, was Materie „wirklich" ist.

Sogar das Photon, dieses eigenartige Teilchen, das plötzlich aus dem elektromagnetischen Wellenfeld auftauchte, hat ein Antiteilchen. Das ist auch ein Photon. Das Photon hat keine Masse, keine Materie. Das Antiphoton hat entsprechend keine Antimasse. D.h. Photon und Antiphoton sind nicht voneinander zu unterscheiden. Beide sind Photonen. Oder man kann auch sagen, das Photon ist sein eigenes Antiteilchen. Wenn sie zusammenstoßen, passiert nichts, sie sind ja schon reine Energie.

Noch eine Eigentümlichkeit zeigt das Photon. Es bewegt sich mit Lichtgeschwindigkeit, es muss ja immer dort sein, wo das Licht hinfliegt. Daher geht die Uhr des Photons nach der Relativitätstheorie unendlich langsam, sie steht. Das bedeutet aber auch, das Photon bleibt gewissermaßen ewig jung. Die Photonen, die im Universum seit Milliarden von Jahren unterwegs sind, sind noch so jung wie am Schöpfungstag. Alte Photonen gibt es nicht. Auch die Hintergrundstrahlung - der Blitz, der am Anfang der Schöpfung entstand - ist nicht älter geworden. Was sich dahinter physikalisch verbirgt, wird wahrscheinlich ein ewiges Geheimnis bleiben.

Wenn die Photonen von den fernen Sternen bei uns ankommen, erzählen sie uns, „wir sind gerade entstanden."

„Aber wie macht Ihr das?" werden wir fragen, „Ihr seid doch von Sternen und Galaxien gekommen, die Tausende Milliarden von Kilometern entfernt sind. Und Einstein sagt, dass Ihr nicht schneller als 300000 km/sek fliegen könnt; da stimmt was nicht! Nach meiner Rechnung müsstet Ihr vor vielen Millionen Jahren entstanden sein."

Aber die Photonen antworten im Chor: „Nein, wir sind tatsächlich gerade erst entstanden. Wir sind nur Bruchteile von Sekunden unterwegs. Für uns ist das Universum winzig klein. Wir sind gewissermaßen überall gleichzeitig."

Um das zu verstehen, müssen wir uns wieder an den Straßenrand stellen und schnelle Autos beobachten.

So ein Auto ist normalerweise 4 m lang - von der Stoßstange vorne zur Stoßstange hinten gemessen. Wenn wir aber die Länge des vorüberflitzenden Autos messen, stellen wir fest, es ist nur 3,5 m lang - vorausgesetzt, es bewegt sich mit 145000 km/sek d.h. mit fast halber Lichtgeschwindigkeit. D.h. nicht nur die bewegten Uhren gehen langsamer, auch die Maßstäbe schrumpfen.

Jetzt erkennen wir auch den großen Unterschied zwischen der alten Galilei-Transformation und der neuen Lorentz-Transformation.

In der Galilei-Transformation gibt es einen Raum mit den drei Dimensionen - Länge, Breite und Höhe. Und es gibt die Zeit - wie eine universelle Uhr, die unabhängig davon abläuft, wie wir uns im Raum bewegen. Und das ist auch das, was wir gewohnt sind, wenn wir uns im Straßenverkehr bewegen - wenn wir uns also mit bürgerlichen Geschwindigkeiten bewegen.

Aber wenn wir uns mit sehr hoher Geschwindigkeit bewegen, merken wir, wie Raum und Zeit zu einer vierdimensionalen Einheit verschmolzen sind.

Wie ist das nun zu verstehen. Nun, das ist nicht so schwierig zu verstehen; nur vorstellen kann man sich das nicht, weil sich unser Gehirn in einer dreidimensionalen Welt entwickelt hat. Unsere Urahnen brauchten sich als Jäger und Sammler nicht mit Lichtgeschwindigkeit zu bewegen. Alles ging ja sehr gemächlich von statten - gemessen an unserer Raumfahrt heutzutage. So ein Satellit fliegt immerhin in einer Stunde einmal um den Globus.

In einer dreidimensionalen Welt sind die drei Dimensionen - Länge, Breite und Höhe - auch zu einer Einheit verschmolzen.

Wenn wir einen Würfel auf den Tisch stellen, können wir die Höhe dieses Würfels ohne Probleme messen, indem wir ein Buch darauflegen und den Abstand zwischen dem Buch und der Tischplatte mit einem Lineal messen. Warum so kompliziert? Nun, wir wollen die Höhe messen, also den Abstand zwischen dem tiefsten Punkt des Würfels und dem höchsten - unabhängig davon, wie der Würfel gerade im Raum gedreht ist. Jetzt ist die Höhe zufällig noch gleich der Seitenlänge, die senkrecht steht; das ändert sich aber gleich.

Wenn wir den Würfel auf die Kante kippen, ändert sich die Höhe des Würfels; der Abstand zwischen Buch und Tischplatte wird größer, weil ja das Buch nun auf der oberen Würfelkante liegt. Wir müssen nur immer darauf achten, dass das Buch schön parallel zur Tischoberfläche liegt.

Wir stellen dann fest, dass die Höhe des Würfels zum Teil aus der ursprünglichen Höhe - vor dem Kippen - besteht und aus der Breite des Würfels (wenn wir den Würfel auf die Kante kippen, die wir als Länge bezeichnet haben). D.h. die Höhe des Würfels - gekippt oder auf dem Tisch stehend - hängt davon ab, wie wir den Würfel kippen oder drehen. Die drei Dimensionen sind eine Einheit, so dass jede einzelne davon aus allen drei zusammengesetzt ist, abhängig davon, wie wir den Würfel drehen.

Im vierdimensionalen Raum geschieht das Drehen durch Änderung der Geschwindigkeit. Der vierdimensionale Raum des vorüberfahrenden Autos - Länge, Breite, Höhe und Zeit - ist gegenüber unserem vierdimensionalen Raum gekippt. In die Zeit, die wir für das Auto messen, geht nicht nur unsere Zeit ein, sondern auch unsere Raumkoordinaten gehen ein. Raumkoordinaten ist nur ein vornehmer Ausdruck für Länge, Breite und Höhe. Man verwendet gern solche klugen Wörter, weil sie kürzer sind - man muss nicht so viel schreiben - und man zeigt damit auch, wie klug man ist.

So eine vierdimensionale Welt kann man sich schwer vorstellen - muss man auch nicht unbedingt; man kann das Ganze auch einfach als einen mathematischen Trick sehen, mit dem wir die physikalischen Zusammenhänge beschreiben.

Wir können aber der Vorstellung helfen, wenn wir ein oder zwei Dimensionen hinabsteigen. Stellen wir uns zwei Lineale vor, die auf dem Tisch liegen - nicht schön parallel, sondern gerade so, wie man sie auf den Tisch werfen würde - wie Mikado Stäbe.

Das sind zwei eindimensionale Welten, sie kennen nur eine Dimension, die Länge. Auf jedem Lineal sitzt eine eindimensionale Fliege, also eine, die auch nur die Länge kennt, und deshalb nur auf dem Lineal hin und her krabbeln kann. Nun fangen die beiden Fliegen an, sich zu unterhalten, und zwar über die Länge der Zentimeterabschnitte auf den Linealen (Abb.4.2).

Die eine Fliege behauptet: „Deine Zentimeter sind kürzer als meine, das kann ich deutlich erkennen, wenn ich Deine Zentimeterabschnitte auf meine projiziere."

Aber die andere Fliege antwortet: „Ich sehe aber mit demselben Verfahren, dass Deine Zentimeter kürzer sind als meine."

Beide haben recht. Sie können aber nicht erkennen, woran das liegt, weil sie nur an den Linealen entlanglaufen können. Wir können aber aus unserer dreidimensionalen Welt - wir sehen ja beide Lineale von oben - sofort erkennen, dass tatsächlich beide recht haben und dass ihre widersprüchlichen Aussagen nur zustande kommen, weil sie beide

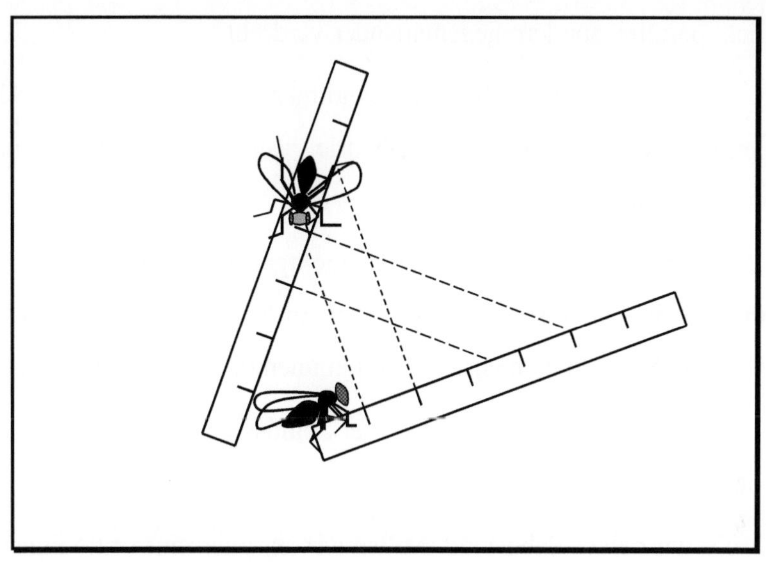

Abb.4.2. Schrumpfen von Maßstäben.

Jede der beiden Fliegen sieht das andere Lineal unter einem Winkel, der kleiner ist als 90°. Daher sehen sie beide das jeweils andere Lineal verkürzt; die Zentimeterabschnitte auf dem anderen Lineal erscheinen kürzer.

schief auf das jeweilig andere Lineal schauen. Die beiden Lineale sind ja nicht parallel, sondern gegeneinander verdreht.

So einfach ist das, wenn man dreidimensional schauen kann. Und so einfach wäre die Relativitätstheorie, wenn wir vierdimensional schauen könnten.

Wenn die Photonen sich mit Lichtgeschwindigkeit bewegen, schrumpft ihr Universum für uns zu einem Punkt, ihre Uhr bleibt für uns stehen. Sie bleiben ewig jung und können überall gleichzeitig sein.

Vielleicht liegt hier irgendwo der Schlüssel zum Verständnis des Kollapses der Wellenfunktion.

Da wir gerade dabei sind, wollen wir uns auch eine dritte Eigenart der Relativitätstheorie anschauen.

Wenn wir das schnelle Auto über eine Waage fahren lassen, stellen wir fest, dass das Auto auch noch schwerer geworden ist, nicht nur kürzer. Je schneller das Auto fährt, umso schwerer wird es. Der alte Satz von der Erhaltung der Masse muss also auch revidiert werden; auch die Masse ist abhängig von der Geschwindigkeit.

Deshalb müssen wir auch unterscheiden zwischen der Masse und der sogenannten Ruhemasse; das ist die Masse des Autos, die wir bei der Geschwindigkeit Null messen, bzw. die Masse, die der Autofahrer misst, der sich mit derselben Geschwindigkeit bewegt wie das Auto. Für ihn ist ja die Geschwindigkeit Null.

Wenn die Geschwindigkeit in die Nähe der Lichtgeschwindigkeit kommt, wird die Masse sehr groß. Bei Lichtgeschwindigkeit ist sie unendlich groß geworden. Das ist auch der Grund, weshalb die Lichtgeschwindigkeit für gewöhnliche Körper die größtmögliche Geschwindigkeit ist, ja, sie kann auch nicht vollständig erreicht werden, denn je näher der Körper an die Lichtgeschwindigkeit kommt, umso schwerer wird er, und umso größer wird die Kraft, die wir aufbringen müssen, um ihn weiter zu beschleunigen, d.h. um die Geschwindigkeit zu erhöhen. Mit noch so großen Raketenantrieben können wir uns der Lichtgeschwindigkeit nur nähern, sie aber nie erreichen.

Nur die Photonen fliegen mit Lichtgeschwindigkeit. Die frühere Behauptung, das Photon hätte keine Masse, bezieht sich genauer auf seine Ruhemasse; es hat keine Ruhemasse. Deshalb kann es mit Lichtgeschwindigkeit auch eine Masse haben, die größer als Null ist aber nicht unendlich groß, und es kann wie eine Billardkugel Elektronen anstoßen; ganz ohne Masse oder Impuls wäre auch das nicht möglich. Diesen Impuls der Photonen müssen wir uns für später merken.

Aber was zeigt nun die Waage mit dem schnellen Auto an? Das müssen wir uns doch etwas genauer anschauen. Wenn es gar eine Digitalwaage ist, muss sie ja eine bestimmte Zahl, ein bestimmtes Gewicht anzeigen.

Wir am Straßenrand behaupten, die Waage muss das Gewicht des durch die Geschwindigkeit schwerer gewordenen Autos anzeigen.

Wenn sich das Auto mit 260000 km/sek bewegt, ist es immerhin doppelt so schwer geworden.

Jedoch, der Autofahrer behauptet zu recht, die Waage zeige nur das Gewicht der Ruhemasse seines Autos an. Haben wir hier nun einen Widerspruch?

Dieser Widerspruch - wir werden gleich sehen, es ist nur scheinbar ein Widerspruch - ist ein Beispiel für viele ähnliche Widersprüche, auf die man mit solchen Gedankenexperimenten gestoßen ist. Ein Gedankenexperiment ist ein Experiment, das man nur in Gedanken ausführen kann. Kein Auto fährt mit 87% der Lichtgeschwindigkeit. Das deutsche Wort „Gedankenexperiment" ist nebenbei so berühmt geworden, dass es auch in die englische Sprache aufgenommen worden ist. Mit solchen Gedankenexperimenten versuchen Physiker, die unterschiedlicher Meinung sind, Widersprüche aufzudecken, um so die Theorie des Gegners ad absurdum zu führen. Die Diskussion um solche Gedankenexperimente gibt oft einen tiefen Einblick in die Natur der physikalischen Probleme. Wir werden später ein anderes berühmtes Gedankenexperiment und ein damit verbundenes Paradoxon kennen lernen.

Zunächst aber zu unserem kleinen Paradoxon. Was zeigt die Waage nun an? Ist der hier aufgezeigte Widerspruch so ernst, dass damit die Relativitätstheorie ad absurdum geführt ist? Um das aufzuklären, müssen wir uns genauer anschauen, was die Waage wirklich anzeigt. Die Waage registriert das Gewicht des Autos. Das ist aber die Anziehungskraft zwischen dem Auto und der Erde.

Für uns am Straßenrand ist das Auto doppelt so schwer geworden, so dass auch die Anziehungskraft zwischen Auto und Erde doppelt so groß geworden ist. Deshalb zeigt die Waage auch diese doppelt so große Kraft an, d.h. die Waage zeigt die relativistisch vergrößerte Masse des Autos an.

Für den Autofahrer, der sich ja in Ruhe in seinem Auto befindet, zeigt die Waage jedoch das Gewicht der Ruhemasse des Autos an, die ja nur halb so groß ist wie die relativistische Masse, die uns vom Straßenrand aus erscheint. Aber die Erde bewegt sich ja unter seinen Rädern mit 260000 km/sek. Das bedeutet, die Erde selbst hat für den Autofahrer die doppelte Masse erhalten. Damit ist auch die Anziehungskraft zwischen dem Auto mit der Ruhemasse und der Erde mit der doppelten Masse doppelt so groß geworden - und die Waage zeigt dies auch als Gewicht der Ruhemasse an.

Die Waage zeigt also in beiden Fällen dasselbe an, nämlich die doppelte Kraft - für uns, weil das Auto die doppelte Masse bekommen hat - und für den Autofahrer, weil die ganze Erde die doppelte Masse bekommen hat.

Damit hat sich der Widerspruch aufgeklärt, und die Relativitätstheorie ist wieder gerettet.

Leider noch nicht ganz.

Nehmen wir den viel einfacheren Fall, dass das Auto auf der Waage steht. Dann zeigt die Waage ein bestimmtes Gewicht, 1,5 Tonnen. So viel wiegt eben das Auto. Das ist die Massenanziehungskraft zwischen der Masse der Erde und der Masse des Autos. Nun beobachten wir das Ganze von einem Raumschiff aus, das mit 87% der Lichtgeschwindigkeit an der Erde vorbeifliegt. Die Masse der Erde ist dann für uns doppelt so groß. Und die Masse des Autos ist auch doppelt so groß. Das bedeutet aber, dass die Waage das vierfache Gewicht, 6 Tonnen anzeigen müsste. Dieser Wiederspruch lässt sich nicht so leicht wegdiskutieren. Der Beobachter auf der Erde sieht, wie die Waage 1,5 Tonnen anzeigt. Der Beobachter im Raumschiff sieht aber 6 Tonnen, wenn wir die Relativitätstheorie richtig verstanden haben. Was zeigt nun die Waage wirklich an?

Um diesen Wiederspruch aufzuklären, musste man die Newtonsche Vorstellung über Masse und Schwerkraft aufgeben und ein völlig neues Bild entwickeln, eine neue Vorstellung über die Gravitation. So entstand die allgemeine Relativitätstheorie, im Wesentlichen die Gedankenarbeit eines einzelnen Physikers: Albert Einstein.

Schauen wir uns die Relativitätstheorie an, wie wir sie bis hierher kennengelernt haben. Es fällt auf, dass sie sich nur mit gleichförmigen Geschwindigkeiten beschäftigt und dass die Gravitation nicht, oder höchstens am Rande, behandelt wird. Diese Theorie wurde dann auch mit dem Namen „spezielle Relativitätstheorie" versehen, um sie von der

Theorie abgrenzen zu können, die sich mit der Gravitation beschäftigt, eben die „allgemeine Relativitätstheorie". In der allgemeinen Relativitätstheorie kommt nun auch die Verschmelzung der Raum- und Zeitkoordinaten voll zum Tragen.

Der Grundgedanke der speziellen Relativitätstheorie liegt in der Idee der Relativität der Geschwindigkeit. Es gibt kein ausgezeichnetes Koordinatensystem, in dem wir eine absolute Geschwindigkeit definieren könnten. Wir können nur Geschwindigkeiten relativ zu anderen Systemen feststellen. Wenn wir in einem geschlossenen Eisenbahnwaggon sitzen, alle Fenster zugezogen, so dass wir keine Verbindung zur Außenwelt haben, dann können wir nicht feststellen, ob der Wagen steht oder sich bewegt – die Rüttelei ist kein Beweis für die Bewegung, auch stehende Eisenbahnwaggons können gerüttelt werden. Es gibt kein Experiment, weder mechanisch (z.B. durch Werfen von Bällen) noch optisch (z.B. durch Messen der Lichtgeschwindigkeit), mit dem wir feststellen könnten, ob wir uns bewegen oder stillstehen. Die Frage selbst ist ja auch wegen der Relativität der Geschwindigkeit sinnlos.

Einen ähnlichen Grundgedanken finden wir in der allgemeinen Relativitätstheorie. Wenn wir uns in einer Raumkapsel auf einer Umlaufbahn um die Erde befinden, d.h. wir fallen frei um die Erde, dann merken wir keine Schwerkraft. Wir befinden uns nicht im schwerelosen Raum, sondern wir fallen frei. Alle Gegenstände in der Raumkapsel fallen mit. Und da sie alle, große und kleine Gegenstände, gleich schnell fallen, spüren wir keine Schwerkraft. Wenn die Fenster der Raumkapsel verschlossen sind, haben wir auch keine Möglichkeit festzustellen, ob wir im Gravitationsfeld der Erde fallen, oder ob wir uns weit ab von jeder Masse befinden, also wirklich im schwerelosen Raum, im leeren Raum zwischen den Sternen.

Das führt uns weiter zur folgenden Überlegung. Wenn wir mit unserer Raumkapsel auf der Erde stehen, dann merken wir sehr wohl die Schwerkraft, die Anziehungskraft der Erde. Dieselbe Kraft spüren wir, wenn wir weit draußen im schwerelosen Raum die Raketen der Raumkapsel zünden und die Kapsel damit beschleunigen. Auch in diesem Fall haben wir, wenn die Fenster der Kapsel verschlossen sind, keine Möglichkeit festzustellen, ob wir auf der Erde unter dem Einfluss der Gravitation stehen, oder ob wir uns draußen im schwerelosen Raum unter dem Einfluss der Beschleunigung durch die Raketen befinden.

Und das führt uns zu dem Gedanken, dass die Gravitation, d.h. die Massenanziehung nichts Anderes ist als eine Beschleunigung. Der Fußboden, auf dem wir stehen, bewegt sich mit steigender Geschwindigkeit nach oben mit einer Beschleunigung von knapp 10 m pro Sekunde pro Sekunde - die Geschwindigkeit steigt um 10 m/sek jede Sekunde, d.h. nach der 1. Sekunde ist die Geschwindigkeit 10 m/sek, nach der 2. Sekunde 20 m/sek, nach der 3. Sekunde 30 m/sek usw.

Das klingt verrückt und unmöglich. Das ist natürlich auch in unserem dreidimensionalen Raum nicht möglich. Dann müsste die Erde sich mit entsprechender Beschleunigung aufblähen – und das tut sie sicher nicht. Aber wenn wir uns im vierdimensionalen Raum-Zeit-Kontinuum befinden, können wir den Raum so verbiegen, dass eine Bewegung längs der Zeitachse zu einer Beschleunigung im Raum wird. Auch das klingt verrückt, ist aber gar nicht so unmöglich. Im vierdimensionalen Raum-Zeit-Kontinuum bewegen wir uns immer. Wenn wir ruhig im Sessel sitzen, bewegen wir uns entlang der Zeitachse, von gestern über heute nach morgen – auch wenn wir uns drei Tage nicht vom Fleck rühren.

Damit wird die Gravitation zu einer rein geometrischen Sache. Die Erde, bzw. jede Masse verbiegt den Raum um sich, so dass wir eine Beschleunigung erfahren, auch wenn wir uns nur an der Zeitachse entlang bewegen. Wenn wir uns zusätzlich kräftefrei, d.h. fallend im Raum bewegen, dann bildet unsere Bahn im gekrümmten Raum um die Erde die bekannten Ellipsen, die schon *Johannes Kepler (1571 – 1628)* gesehen hat.

Nun können wir uns wieder dem Auto auf der Waage zuwenden. Die 1,5 Tonnen, die die Waage zeigt, kommen also durch die Bewegung des Autos entlang der Zeitachse und durch die Raumkrümmung, die die Erdmasse verursacht, zustande. Wenn wir die Waage von unserem schnellen Raumschiff aus beobachten, dann rasen sowohl Erde als auch Auto auf der Waage mit 87% der Lichtgeschwindigkeit an uns vorbei. D.h. die Massen sind tatsächlich verdoppelt. Aber aus der speziellen Relativitätstheorie wissen wir, dass auch die Zeit auf der Erde für uns langsamer geht, d.h. das Auto bewegt sich entsprechend langsamer auf der Zeitachse – immer von unserem Raumschiff aus beobachtet. Damit wird auch die Beschleunigung, die als Gravitation erscheint, geringer, und zwar gerade so, dass der Einfluss der Verdoppelung der beiden Massen, der Erdmasse und der Automasse, kompensiert wird, nämlich nur 2.5 m/sec^2 statt knapp 10 m/sec^2 (wegen des Quadrates der Sekunden), d.h. die Waage zeigt auch für uns in der Raumkapsel auf 1,5 Tonnen.

Um das festzustellen, mussten wir jedoch unser Weltbild von der Schwerkraft, das Newton aufgebaut hatte, völlig umgestalten. Newton stellte sich eine Anziehungskraft zwischen zwei Massen vor, eine Fernwirkung, die durch den leeren Raum wirkt. In Einsteins Weltbild gibt es keine Anziehungskraft, nur den gekrümmten Raum um die Masse und die Bewegung im Raum-Zeit-Kontinuum. Die Schwerkraft wurde zur Geometrie. Natürlich sind die Formeln der Newtonschen Physik nicht falsch, wenn wir mit den Geschwindigkeiten klein gegen die Lichtgeschwindigkeit bleiben. Wenn wir im neuen Weltbild aus der Krümmung des Raumes den gegenseitigen Einfluss von Erde und Mond berechnen und berücksichtigen, dass die Geschwindigkeiten, mit denen wir es zu tun haben, klein sind gegen die Lichtgeschwindigkeit, dann kommen dieselben Formeln heraus, die auch Newton und Kepler entwickelt haben. Nur sind die physikalischen Vorstellungen dahinter völlig verschieden.

5. Tag, Polarisation, Radioaktivität und EPR.

Aufgepasst! Jetzt wird der Weg etwas steiniger und steiler.

Man hat den Begriff Polarisation eingeführt, um zu beschreiben, dass etwas eine bestimmte Richtung hat - sowohl politisch, als Richtung zwischen zwei extremen Ansichten, als auch physikalisch, als Richtung z.B. zwischen oben und unten - oder auch rechts und links. Hier wollen wir die Polarisation von Schwingungen, Wellen, betrachten.

Ein altbewährtes anschauliches Beispiel ist das Seil, das Kinder zum Seilspringen verwenden. Wir binden das eine Ende des Seils an einem Türgriff fest und versuchen, es mit dem anderen Ende zum Schwingen zu bringen.

Wenn ein Anfänger versucht, ein solches Seil zu schwingen, ist das meistens ein unpolarisiertes Durcheinander. Aber nach einiger Übung gelingt es, mit dem Seil schöne Wellen zu erzeugen, die senkrecht auf und ab schwingen. Jetzt zeigt das Seil eine senkrecht polarisierte Welle. Schwingen wir das Seil nicht auf und ab, sondern hin und her, können wir auch eine waagrecht polarisierte Welle erzeugen.

Damit nun die Enkeltochter in das Seil springen kann, müssen wir das Ende kreisen lassen, so dass der Bauch des Seils eine schöne Kreisbewegung ausführt. Jetzt haben wir eine zirkularpolarisierte Welle erzeugt. Je nachdem wie herum wir das Seil drehen, erzeugen wir eine rechtszirkulare Polarisation oder eine linkszirkulare Polarisation. Welche rechts- und welche linkszirkular ist, das ist reine

Definitionssache. Da orientiert man sich am besten am Korkenzieher, weil der international bekannt ist.

Mit allem, was schwingt, können wir Polarisation erzeugen, auch mit elektromagnetischen Wellen. In einer vertikal polarisierten elektromagnetischen Welle schwingt das elektrische Feld auf und ab, so dass die elektrische Kraft mal nach oben, dann wieder nach unten zieht, d.h. ein Elektron, das dieser vertikal polarisierten elektromagnetischen Welle ausgesetzt ist, wird ordentlich geschüttelt, nach oben und unten gezogen.

Unter Umständen wird es in seiner Bahn um den Atomkern so stark geschüttelt, dass es auf der nächst höheren Bahn landet - und dort bleibt. Das schwingende elektromagnetische Feld verschwindet, das Elektron hat die ganze Energie aufgenommen - absorbiert - so wie die Schwingung des Seils zusammenbricht, wenn die Türklinke abreißt. In diesem Fall hat die Türklinke die ganze Energie des schwingenden Seils aufgenommen. Sie landet wahrscheinlich auch auf einem höheren Niveau - auf dem Schrank oder im Lampenschirm.

Wenn wir dies das nächste Mal - nachdem wir die Türklinke wieder repariert haben - mit einer Zirkularpolarisation ausprobieren, dann reißt die Klinke wieder ab und macht eine gewaltige Kreisbewegung. Wir haben der Türklinke einen Drehimpuls gegeben. D.h. die zirkularpolarisierte Welle hat einen Drehimpuls, den sie auf den Körper übertragen kann, der unter ihren Einfluss gerät.

Die Photonen, die Teilchen, die die elektromagnetische Welle verkörpern, haben die Eigenschaften dieser Welle, sind also auch mit Polarisation bzw. Zirkularpolarisation und Drehimpuls ausgestattet, wenn die Welle diese Eigenschaften hat.

Jetzt wollen wir uns mal genauer anschauen, was passiert, wenn ein Elektron und ein Positron aufeinandertreffen und im Endergebnis zerstrahlen.

Das Positron hat ein magnetisches Feld - wir kennen das schon vom Elektron - das eine bestimmte Richtung definiert. Das Elektron sieht diese Richtung und richtet sein magnetisches Moment danach aus, und damit automatisch auch seinen Spin. Wie wir früher gesehen haben, entweder „up" oder „down".

Genauso richtet das Positron seinen Spin nach dem Spin des Elektrons aus. D.h. wir haben kurz vor der Vernichtung ein Gebilde aus einem Elektron und einem Positron, in dem entweder beide Spins antiparallel oder parallel sind. Dieses Gebilde hat sogar einen Namen bekommen, es nennt sich Positronium, obwohl es nur eine Lebensdauer von einer zehnmilliardstel Sekunde hat, bevor es zerstrahlt.

Nun können wir auch etwas über die elektromagnetische Welle, die bei der Vernichtung dieses Positroniums entsteht, aussagen.

Zunächst können wir unsere Versuchseinrichtung immer so einrichten, dass der gemeinsame Schwerpunkt der beiden Teilchen, Positron und Elektron, sich nicht bewegt - ruht, sagt man auch - d.h.

dass der gesamte Impuls Null ist. So, wie zwei Billardkugeln, die mit gleich großer aber entgegengesetzter Geschwindigkeit aufeinanderprallen. Jede einzelne Kugel hat einen Impuls - wir erinnern uns, das ist Masse mal Geschwindigkeit - aber sie sind entgegengesetzt, die Summe ist Null. Das sieht man auch daran, dass, wenn sie nicht aufeinanderprallen, sondern gleichzeitig von jeder Seite auf eine dritte Kugel stoßen, dann diese dritte Kugel liegen bleibt, sie im Endeffekt keinen Impuls bekommt.

Nun hat aber die elektromagnetische Welle oder das Photon, das da entsteht, einen Impuls; und den kann es nur bekommen, wenn gleichzeitig ein zweites Photon mit dem entgegengesetzten Impuls entsteht. Bei der Vernichtung des Positroniums müssen also zwei Photonen entstehen, die in entgegengesetzte Richtungen auseinanderfliegen.

Bevor wir mit der Vernichtung des Positroniums weitermachen, wollen wir uns mit etwas leichterer Materie aus der klassischen Physik beschäftigen - gewissermaßen als Erholung, und weil wir es auch fürs Verständnis brauchen.

Jeder Körper hat einen Schwerpunkt. Das ist der Punkt, in dem man die ganze Masse des Körpers konzentrieren könnte, ohne dass der Körper seine Bahn durchs Weltall ändern würde - wenn es ein Planet wäre, oder durch die Küche, wenn es eine Tasse wäre. Wenn man die ganze Masse des Körpers in seinem Schwerpunkt konzentrieren würde, würde sich dieser Punkt im Schwerefeld der Erde genauso benehmen wie der ganze Körper. Die Erdanziehung sieht gewissermaßen nicht, ob es sich um einen ausgedehnten Körper handelt - eine Kaffeetasse z.B. - oder ob es sich nur um den Schwerpunkt der Kaffeetasse handelt. Das ist damit gemeint, wenn man sagt, die Anziehungskraft der Erde greift im Schwerpunkt der Tasse an. Oder anders ausgedrückt, der Schwerpunkt der Erde zieht den Schwerpunkt der Tasse an.

Auch mehrere Kaffeetassen haben einen gemeinsamen Schwerpunkt - genauso wie der gemeinsame Schwerpunkt aller Einzelatome der Kaffeetasse zugleich der Schwerpunkt der Kaffeetasse ist. Den gemeinsamen Schwerpunkt zweier Kaffeetassen können wir finden, indem wir die beiden Tassen mit einer dünnen Stange verbinden und auf der Stange mit dem Finger den Punkt ausfindig machen, in dem sich die beiden Tassen gerade die Balance halten. Wenn die Tassen gleich schwer sind, wird der gemeinsame Schwerpunkt in der Mitte zwischen ihnen liegen.

Wenn die Kellnerin mit dem Tablett voller Biergläser zwischen den Stühlen und Tischen balanciert, hält sie das Tablett mit der Hand genau unter dem gemeinsamen Schwerpunkt der Biergläser - sie trägt den gemeinsamen Schwerpunkt. Wenn dann ein Gast, um ihr zu helfen, selbst ein Glas vom Tablett nimmt, dann verschiebt sich sofort der Schwerpunkt der restlichen Gläser auf dem Tablett - die Hand der Kellnerin befindet sich nun nicht mehr unter dem gemeinsamen Schwerpunkt. Was dann passiert, kann man auch ohne viel Physikkenntnisse vorhersagen.

Wenn eine Granate losgeschossen wird, ist ihre Bahn die bekannte Wurfparabel, die durch das Zusammenspiel der Geschwindigkeit, die sie durch den Abschuss erhält, und der Geschwindigkeit, die sie durch die Erdanziehung erhält, entsteht. Das kennen wir alle vom Steinewerfen.

Wenn die Granate unterwegs explodiert, dann fliegen die einzelnen Splitter auseinander. Aber der gemeinsame Schwerpunkt dieser Splitter ist der ehemalige Schwerpunkt der Granate. Dieser Schwerpunkt bewegt sich weiter auf der Bahn der Wurfparabel, als wäre nichts geschehen, und die vielen Splitter landen verstreut so, dass ihr gemeinsamer Schwerpunkt genau dort landet, wo die Granate gelandet wäre, wenn sie nicht explodiert wäre.

Genauso fliegen die beiden Photonen, die bei der Vernichtung des Positroniums entstehen, auseinander, nämlich so, dass ihr gemeinsamer Schwerpunkt dort bleibt, wo sich das Positronium befand - falls es sich nicht bewegt hat. Wenn sich das Positronium vor der Vernichtung bewegte, dann bewegt sich der gemeinsame Schwerpunkt der beiden Photonen nach der Vernichtung so weiter, wie sich das Positronium bewegt hätte - wie bei der explodierenden Granate.

Die ganze Sache wird zusammengefasst im sogenannten Impulserhaltungssatz. Wenn wir die Impulse der beteiligten Billardkugeln vor dem Stoß und nach dem Stoß zusammenzählen, kommt dasselbe heraus. Der Gesamtimpuls ändert sich nicht, er bleibt erhalten.

Wir müssen allerdings beim Addieren der einzelnen Impulse die Richtungen der Geschwindigkeiten mitberücksichtigen. Wie das gemacht wird, ist Sache derjenigen, die sich mit der Vektormathematik auskennen.

Ein ähnlicher Erhaltungssatz gilt auch für den Drehimpuls. Auch hier können wir die einzelnen Drehimpulse zusammenfassen zu einem Gesamtdrehimpuls, für den dann der Erhaltungssatz gilt. Bei der Türklinke haben wir schon erlebt, wie der Drehimpuls des Springseils sich plötzlich auf die Klinke übertragen kann.

Wir haben hierbei jedoch nur das Positronium betrachtet, in dem die beiden Spins antiparallel stehen, d.h. sich gegenseitig aufheben, so dass der Gesamtspin des Positroniums Null ist. Dabei wollen wir auch bleiben.

In der elektromagnetischen Welle stehen die schwingenden elektrischen Kräfte immer senkrecht auf der Achse der Fortpflanzungsrichtung, d.h. der Flugrichtung der Photonen, so wie die Richtung der Schwingung des Springseils senkrecht zur Verbindungslinie zwischen der Hand und der Türklinke steht - auch wenn das Seil rotiert.

Die beiden diametral auseinanderfliegenden Photonen, γ-Quanten, haben auch noch einen Drehimpuls, einen Spin, d.h. die Richtung der elektrischen Kraft in der zugehörigen elektromagnetischen Welle rotiert um die Achse der Flugrichtung.

Die beiden Photonen müssen entweder beide rechtszirkularpolarisiert oder beide linkszirkularpolarisiert sein, denn die Summe der beiden Spins muss ja Null ergeben, so wie der Gesamtspin des Positroniums vor der Vernichtung auch Null war - wir erinnern uns, wir bleiben beim Positronium, in dem die beiden Spins antiparallel waren, sich also gegenseitig aufhoben, so dass die Summe Null ergab. Nach dem Drehimpulserhaltungssatz muss also der Gesamtspin der beiden Photonen auch Null sein. Da sie diametral auseinanderfliegen, geht das nur, wenn sie beide entweder rechtszirkularpolarisiert oder beide linkszirkularpolarisiert sind. Wenn man mit einem Korkenzieher einmal in eine Richtung zeigt und dann in die entgegengesetzte Richtung, sieht man sofort, dass die beiden Drehrichtungen sich gegenseitig aufheben.

Jetzt nähern wir uns schon dem berühmten Gedankenexperiment, das vorhin bereits angedeutet wurde.

Die drei Physiker Einstein, *Boris Podolsky (1896 – 1966)* und *Nathan Rosen (1909 – 1995)* haben über folgende Anordnung diskutiert: Irgendwo zerstrahlt ein Positronium und sendet diametral zwei Photonen aus. Die Photonen werden in Apparaturen aufgefangen, die registrieren, wie sie polarisiert sind.

Nun muss man auch einiges über die Beweggründe dieser drei Herren für das Ersinnen dieses Gedankenexperimentes wissen.

Einstein bekam den Nobelpreis für Physik aufgrund seiner Überlegungen zu den Stoßversuchen mit Elektronen und Photonen -

nicht für seine Relativitätstheorie. Diese Überlegungen, die zeigten, dass das Licht doch aus Teilchen besteht, eben Photonen, waren bahnbrechend für die Entwicklung der Quantentheorie. Trotzdem hat Einstein sich mit dieser Theorie nie anfreunden können. Er versuchte immer wieder zu beweisen, dass die Quantentheorie unsinnig – genauer: nicht vollständig - sei. Was dieses „nicht vollständig" beinhaltet werden wir später sehen.

Wir haben schon vorhin gesehen, dass ein ganz wesentliches Merkmal der Quantentheorie die Unsicherheit in der Voraussage von Ereignissen ist. Wir können immer nur mit einer gewissen Wahrscheinlichkeit voraussagen, was geschehen wird und wann es geschehen wird. Bei den Interferenzexperimenten mit Elektronen haben wir festgestellt, dass wir für einen bestimmten Punkt auf dem Schirm hinter dem Spalt die Wahrscheinlichkeit berechnen können, dass das Elektron dort auftreffen wird. Wir können aber nicht mit Sicherheit sagen, ob es auftrifft oder nicht. Diese Unsicherheit, die in der Unschärferelation ihren Ausdruck findet, zieht sich durch die ganze Quantentheorie.

Nun wird man sich fragen, ob denn die Physiker es aufgegeben haben, exakte Antworten auf Fragen zu geben. Die Antwort lautet tatsächlich: Ja. Es ist nicht möglich, eine exakte Antwort zu geben.

Und zwar nicht deshalb, weil wir nicht genügend über die Physik wissen, sondern weil es prinzipiell nicht möglich ist - die Natur selbst kennt die exakten Antworten nicht.

Der radioaktive Zerfall von Atomen ist hierfür ein schönes Beispiel; deshalb wollen wir uns einmal damit beschäftigen.

Unser Spaziergang ist ein mehr oder weniger zufälliges Streunen durch die Landschaft der Physik. Natürlich könnte man die Landschaft sehr viel systematischer erkunden. Das wäre sicher zweckmäßiger - wenn man Physik lernen wollte. Dann würde man zunächst mit der notwendigen Mathematik anfangen, um dann die einzelnen Kapitel der Physik logisch nacheinander zu behandeln. Dafür gibt es ausgezeichnete Lehrbücher, die allerdings sehr langweilig sind, wenn man nicht gerade den Ehrgeiz hat, die Physik lernen und verstehen zu wollen. Würde ich auf unserem Spaziergang wie im Lehrbuch vorgehen, wäre ich auf meiner Wanderung sicher schnell alleine unterwegs. Deshalb glaube ich, ist es besser, dass wir uns gemeinsam die spannendsten und schönsten Sachen anschauen ohne den Ehrgeiz, alles verstehen zu wollen. Man kommt ohnedies über kurz oder lang zu der Erkenntnis, dass man nicht alles vollständig verstehen kann; man dringt nur immer tiefer und tiefer in den Urwald, kennt dann diesen oder jenen Pfad, aber was hinter dem dichten Wald liegt, bleibt immer verborgen.

Also, nun zunächst zurück zum radioaktiven Zerfall. Atome können zerfallen, wissen wir inzwischen - obwohl „Atom" aus dem Altgriechischen kommt und soviel wie unteilbar bedeutet - aber wir haben ja schon früher gesehen, dass Namen und Bezeichnungen nicht allzu viel bedeuten. Das ist so, wie wenn wir einen Schmetterling sehen und dann fragen, was für ein Schmetterling das sei. Der kluge Zoologe sagt uns, das sei ein Zitronenfalter mit dem lateinischen Namen so und so. Dann sagen wir, aha, jetzt wissen wir Bescheid - aber kennen tun wir nur den Namen, sonst nichts, und den Namen haben wir auch abends wieder vergessen.

Also, nochmals zurück zum radioaktiven Zerfall. Radiumatome haben eine sogenannte Halbwertszeit, eine Lebensdauer. Plötzlich zerfällt das Radiumatom, es zerbricht in zwei Teile und ist dann kein Radiumatom mehr - so wie das Positronium von vorhin. Nur dass das Radiumatom sehr viel länger lebt als das Positronium.

Aber wir wissen nicht, wie lange es lebt. Wir wissen nur, wenn wir sehr viele Radiumatome vor uns auf dem Tisch liegen haben, dann ist nach 1600 Jahren sehr genau die Hälfte davon zerfallen. Deshalb ist die Halbwertszeit eben 1600 Jahre. Wenn wir noch mal solange warten, 1600 Jahre, dann ist wieder die Hälfte vom Rest zerfallen.

Das ist ein sehr merkwürdiges Verhalten. Von jedem einzelnen Radiumatom wissen wir nicht, wann es zerfallen wird, es kann in der nächsten Minute zerfallen, es kann aber genauso gut noch hunderttausend Jahre unbeschädigt auf dem Tisch liegen bleiben, während die Nachbaratome nach und nach zerfallen.

Die Atome selbst wissen nicht, wann sie zerfallen, wie lange ihre individuelle Lebensdauer ist. Aber alle zusammen wissen sie, dass nach 1600 Jahren die Hälfte zerfallen sein muss, wie ein kollektives Wissen aller Radiumatome gemeinsam.

Natürlich gibt es kein kollektives Wissen der Atome. Alles, was sich mit einem bestimmten Prozentsatz abnimmt, zeigt das gleiche Verhalten; z.B. unser Geld. Wenn wir von unserem Kapital jedes Jahr 10 % verbrauchen werden wir eine Halbwertszeit des Kapitals von ungefähr sieben Jahren feststellen.

Dieses Zerfallsverhalten ist auch anders als bei Lebewesen, z.B. beim Menschen. Setzen wir z.B. nur als Gedankenexperiment 1000 Männer auf einer einsamen Insel aus - ich nehme absichtlich Männer und nicht Frauen, weil ich mich bei Frauen erst vergewissern müsste, ob sie nicht schwanger sind, und die Arbeit spare ich mir.

Hätten diese Männer ein ähnliches Verhalten wie die Atome beim radioaktiven Zerfall mit z.B. einer Halbwertszeit von 30 Jahren, so wären auf der Insel nach 30 Jahren noch 500 Männer am Leben, nach 60 Jahren noch 250 Männer, nach 90 Jahren noch 125, nach 120 Jahren noch 62 (oder vielleicht 63), nach 150 Jahren noch 31 und nach 180 Jahren noch 15 oder 16 Männer am Leben. Wir sehen sofort, das entspricht sicher nicht der Realität. Die Sterbestatistik sieht bei Lebewesen ganz anders aus.

Nun könnte man sagen, wir wissen zwar vom einzelnen Radiumatom nicht, wann es zerfallen wird, aber das liegt vielleicht nur daran, dass wir das Gefüge des Atoms nicht genau genug kennen. Die Bausteine des instabilen Radiumkerns bewegen sich so heftig, dass einige davon schon mal herausfliegen können; der Kern kocht gewissermaßen. Würden wir die augenblickliche Konstellation der einzelnen Bausteine des Radiumatoms kennen, dann könnten wir vielleicht doch genauer vorausberechnen, wann es zerfällt.

Das Radiumatom zerfällt in zwei Bestandteile. Der eine ist ein fast gleich großer Kern des Elements Radon, und der andere ist ein Heliumkern, relativ klein. Man kann es auch so sehen, das Radiumatom sendet beim Zerfall einen Heliumkern aus, und übrig bleibt ein Radonkern. An den Massenverhältnissen sieht man am besten, was klein und was groß ist. Der Radiumkern besteht aus 226 Bausteinen, der Heliumkern aus 4 Bausteinen, und der übrig gebliebene Radonkern besteht dann aus 222 Bausteinen.

Man könnte nun auf folgende Idee kommen: Wenn man wüsste, wie sich die Bausteine im Kern bewegen und arrangieren, so dass sich plötzlich ein Heliumklumpen aus 4 Bausteinen aus dem Verband löst, dann könnte man vielleicht auch berechnen, wann das passiert.

Aber genau das können wir nicht. Auf Grund der Unschärferelation ist es nicht möglich festzustellen, wo und mit welcher Geschwindigkeit sich die einzelnen Bausteine innerhalb des Radiumkerns zu einem bestimmten Zeitpunkt befinden. Nicht, weil wir keine experimentellen Möglichkeiten dazu hätten, sondern weil diese Eigenschaften, „wo" und „wie schnell", gar nicht definiert sind. Erst im Augenblick des Zerfalls entstehen nicht nur die beiden Bestandteile, sondern auch deren Eigenschaften.

Deshalb kann der Atomkern selbst nicht wissen, wann er zerfällt. Merkwürdig, aber so ist es halt.

Deshalb können wir auch nur mit der entsprechenden Wahrscheinlichkeit sagen, wann der Radiumkern zerfallen wird, d.h. mit 50 prozentiger Wahrscheinlichkeit ist er nach 1600 Jahren zerfallen. In diesem Sinne erscheint die Theorie des radioaktiven Zerfalls unvollständig – weil wir den Zerfall eines einzelnen Atoms nicht vorherberechnen können.

Diese Art von Wahrscheinlichkeitsaussagen ist eine wesentliche Eigenart der Quantenphysik. So, als würde die Natur würfeln, bevor sie uns auf unsere Fragen Antwort gibt. Und mit dieser Eigenart hat sich Einstein nie anfreunden können; „Gott würfelt nicht!" meinte Einstein. Weil wir in der Quantentheorie nur Wahrscheinlichkeiten für den Ausgang eines Experimentes berechnen können, meinte Einstein, die Quantentheorie wäre nicht vollständig – es fehlten noch Kenntnisse über Größen, mit denen man dann genauere Aussagen treffen könnte. Deshalb hat er das Gedankenexperiment mit dem Positronium und den Apparaturen, die die beiden Photonen auffangen sollen, ersonnen. Nach den drei hauptsächlich beteiligten Physikern Einstein, Podolsky und Rosen wird dieses Gedankenexperiment einfach mit der Abkürzung EPR bezeichnet.

Mit diesem EPR-Gedankenexperiment wollen wir uns nun etwas näher beschäftigen. Aber wieder muss ich vorher etwas ausholen. Wir erinnern uns, was eine Zirkularpolarisation ist: Das im Kreise schwingende Seil, in dem man so schön hüpfen kann. Diese Zirkularpolarisation kann man sich vorstellen als zusammengesetzt aus zwei linearen Polarisationen, einmal senkrecht (vertikal) und einmal waagrecht (horizontal).

Wenn das Seil zunächst nur vertikal schwingt, nach oben z.B., dann eine Sekunde später nur horizontal, nach rechts, dann eine Sekunde später wieder vertikal, aber nach unten, und dann wieder eine Sekunde später wieder horizontal nach links, und schließlich nach einer weiteren Sekunde wieder vertikal nach oben, dann hat das Seil in 4 Sekunden eine ganze Drehung durchgeführt, aber zusammengesetzt aus vertikaler und horizontaler Schwingung, die jedoch zeitlich versetzt sind, man nennt das phasenverschoben.

Genauso kann man auch zirkular polarisiertes Licht in zwei linear polarisierte Wellen zerlegen. Wenn wir ein zirkular polarisiertes Photon in die Apparatur des EPR-Experiments schicken - das ist eine spezielle Anordnung von optischen Filtern - dann kommt auf der anderen Seite ein linear polarisiertes Photon heraus - ob es vertikal oder horizontal polarisiert ist, wissen wir vorher nicht, die Chance ist 50 zu 50.

Das ist wieder so eine Wahrscheinlichkeitsaussage. Mit 50%-iger Wahrscheinlichkeit ist das Photon hinter der Filteranordnung horizontal polarisiert, und mit 50%-iger Wahrscheinlichkeit ist es vertikal polarisiert, - und es gibt keinerlei Möglichkeit, vorauszusagen, welche der beiden Möglichkeiten verwirklicht wird.

Aber nun kommt das Merkwürdige. Im EPR-Experiment haben wir zwei Filteranordnungen. Jede fängt eines der beiden Photonen aus dem Positroniumzerfall auf. Wenn wir hinter der einen Filteranordnung ein vertikal polarisiertes Photon feststellen, dann muss das Photon hinter der anderen Filteranordnung horizontal polarisiert sein. So will es die Quantentheorie.

Das klingt zunächst nicht so sonderbar, ist es aber deshalb, weil wir damit ja doch eine Möglichkeit haben, vorhersagen zu können, welche Polarisation hinter der Filteranordnung herauskommt.

Angenommen, der eine Physiker misst hinter seinem Filter ein vertikal polarisiertes Photon, dann weiß er - auch wenn die zweite Filteranordnung sehr weit weg ist und das zweite Photon noch unterwegs, also noch gar nicht bei der zweiten Filteranordnung angekommen ist - dass hinter dieser zweiten Filteranordnung ein horizontal polarisiertes Photon herauskommen wird. Und das, obwohl das Photon es selbst noch gar nicht wissen kann.

Das ist das berühmte EPR-Paradoxon, über das so viel diskutiert worden ist. Damit wollte Einstein zeigen, dass die Quantenphysik widersprüchlich ist. Entweder liegt die Polarisation des zweiten Photons doch irgendwie verborgen fest, bevor es die Filteranordnung erreicht, was nach der Quantenphysik nicht möglich sein soll, oder es muss vom ersten Filter in dem Augenblick, in dem das erste Photon registriert wird, ein Signal ausgeschickt werden, ein Signal, das das zweite Photon erreicht, bevor dieses bei der zweiten Filteranordnung ankommt, und ihm erzählt, wie es sich im Filter zu benehmen hat, mit welcher Polarisation es dahinter herauskommen soll. Das Signal muss also schneller als das Photon sein, d.h. mit Überlichtgeschwindigkeit fliegen - und damit war Einstein nicht einverstanden.

Wohlgemerkt, dieser Widerspruch tritt nur in der Quantenphysik auf, nicht in der klassischen Physik.

Wenn ich eine Tennisballwurfmaschine habe, die so konstruiert ist, dass sie immer nur gleichzeitig zwei Bälle herauswirft, einen roten Ball und einen blauen Ball in entgegengesetzte Richtungen - dann weiß ich, dass, wenn ich einen roten Ball auffange, mein Tennispartner am anderen Ende einen blauen Ball bekommen wird. Das weiß ich auch dann, wenn er weit weg steht, lange bevor er es weiß. Da liegt kein Widerspruch vor.

Aber das liegt daran, dass die Farben der Bälle schon festliegen, bevor die Bälle aufgefangen werden. Die Eigenschaften sind schon vor der Messung vorhanden. Und das ist in der Quantenphysik eben anders. In der Quantenphysik entsteht die Farbe erst, wenn ich den Ball auffange, und ich habe keine Möglichkeit, die Farbe vorher festzustellen. Quantenphysikalische Tennisbälle haben vor dem Auffangen keine Farbe.

Darauf hat schon Niels Bohr hingewiesen. Die Attribute entstehen erst bei der Messung, vorher sind sie nicht vorhanden. Dazu gehören die Attribute oder Eigenschaften Polarisation und Spin.

Wenn das so ist - und die Quantenphysik behauptet das, alle unsere Messungen zeigen das - dann muss es auch eine Kopplung irgendeiner Art zwischen den beiden Photonen geben, d.h. wir können gar nicht die beiden Photonen als einzelne unabhängige Photonen behandeln, sondern sie bilden eine Einheit - auch wenn sie weit voneinander entfernt sind - eine Einheit, die dafür sorgt, dass die Polarisationen hinter den beiden Filteranordnungen immer entgegengesetzt sind - die eine vertikal und die andere horizontal; der Physiker sagt, die beiden Photonen sind verschränkt.

Vielleicht hängt das mit der anderen Merkwürdigkeit zusammen, die wir vorhin kennengelernt haben, dass die Zeit für die Photonen still steht, d.h. das zweite Photon kommt gar nicht später an als das erste, auch wenn die zweite Filteranordnung sehr viel weiter weg ist. Es sieht nur für uns so aus, als würden sie nacheinander die jeweiligen Apparaturen erreichen. Für sie selbst kommen sie im selben Augenblick, in dem das Positronium zerfällt, an. Für die Photonen passiert alles gleichzeitig.

Aus dem täglichen Leben kennen wir auch Objekte, die sich auf der Grenze zwischen Realität und Schein bewegen.

Nach dem Regen, wenn die Sonne wieder den Rücken wärmt und wir der dunklen Regenwolke nachschauen, erscheint uns der Regenbogen - der mit zu dem Schönsten an Schauspielen gehört, was die Natur uns bietet.

Dieser Regenbogen, so wirklich er uns erscheint, ist nur vorhanden, wenn wir ihn anschauen. Schauen wir weg, verschwindet auch der Regenbogen.

Nun wirst Du sagen, aber mein Nachbar sieht ihn doch auch, und photographieren kann ich ihn sogar. Auf dem Photo sieht man doch, dass er objektiv vorhanden ist.

Der Nachbar sieht ihn auch, aber er sieht nur seinen eigenen Regenbogen. Du siehst nur Deinen Regenbogen. Und wenn der Nachbar wegschaut, ist sein Regenbogen auch weg. Jeder sieht nur seinen eigenen Regenbogen, und wenn man wegschaut, verschwindet er.

Auch der Photoapparat sieht den Regenbogen nur in der hundertstel Sekunde, in der der Verschluss offen ist. Auf dem Photo ist nur ein Abbild dessen, was der Photoapparat in dem kleinen Bruchteil einer Sekunde gesehen hat. Davor und danach gibt es für den Photoapparat keinen Regenbogen.

Glaubt man an die reale Existenz des Regenbogens, kommen einem auch scheinbar vernünftige und interessante Fragen: Wie sieht der Regenbogen von hinten aus?

Man kann durchaus Fragen an die Natur stellen, die sie nicht beantworten kann, weil sie sinnlos sind.

Auch das eigene Spiegelbild, das man jeden Morgen im Badezimmer sieht, gehört zu den Objekten ohne reale Existenz - obwohl man bei der Beobachtung sowohl Nachbarn als auch Ehemann und Photoapparat zu Hilfe nehmen kann, um die Existenz zu beweisen. Die Spiegelbilder haben auch nur eine Vorderseite. Sie sind hohl im Rücken, wie die Elfen in H.C.Andersens Märchen.

Der Regenbogen ist als Erscheinung Realität. Als Gegenstand hat er keine Realität. Sogar der Schatten hat mehr Realität; er ist auch vorhanden, wenn ihn niemand beobachtet. Wir sehen, es gibt verschiedene Arten und Abstufungen von Realität.

6. Tag, die Identität des Elektrons.

Über die eigenartige Sache mit der Wahrscheinlichkeit in der Quantenphysik ist bereits viel philosophiert worden.

Wir haben einen Formalismus, eine Rechenmethode, mit der wir Wahrscheinlichkeiten über das Eintreffen von Geschehnissen ausrechnen können. Dieser Formalismus funktioniert ganz hervorragend. Dafür müssen wir einmal auf die Sicherheit der Voraussage verzichten - wir können immer nur Voraussagen mit einer gewissen Wahrscheinlichkeit treffen - zum anderen müssen wir auf das Verständnis verzichten. Wir wissen nicht, warum dieser Formalismus so gut funktioniert - und gerade das schafft Raum für die Phantasie, für philosophische Weltbilder, die die Hintergründe der quantenmechanischen Berechnung erhellen sollen - ob sie das dann tun, ist für jeden einzelnen reine Ansichtssache.

Aber was haben wir eigentlich davon, dass der Formalismus so gut funktioniert, wenn wir immer nur Wahrscheinlichkeiten ausrechnen können. Dann haben wir doch auch nur als Ergebnis, dass die Voraussage, die wir haben wollen, mit einer gewissen Wahrscheinlichkeit richtig ist, aber auch mit der entsprechenden Wahrscheinlichkeit falsch. Was funktioniert denn dann so gut?

Da kommt uns wieder das kollektive Wissen zu Hilfe, auch das Gesetz der großen Zahlen genannt. Wenn wir ausgerechnet haben, dass ein Elektron sich mit der Wahrscheinlichkeit 1/2 so und so verhält, dann wissen wir zwar nicht, wie es sich nun wirklich verhalten wird.

Aber wir können mit sehr großer Sicherheit voraussagen, dass von einer Milliarde Elektronen 500 Millionen Elektronen sich so verhalten, wie wir es berechnet haben - und das ist doch schon was. Mehr können wir nicht verlangen.

Wenn wir ein Elektron mit einer bestimmten Geschwindigkeit an einem Ort A vorfinden - soweit wir dies im Rahmen der Unschärferelation bestimmen können, dann können wir die Wahrscheinlichkeit berechnen, dieses Elektron nach einer bestimmten Zeit am Ort B wieder vorzufinden. Die Wahrscheinlichkeitswellen des Elektrons, die sich vom Ort A ausbreiten, überlagern sich so, dass sie sich im Ort B verdichten, so dass man dann eine entsprechend hohe Wahrscheinlichkeit erhält, das Elektron dort wieder zu finden.

Bei Tennisbällen ist das genauso. Nur merken wir das nicht, weil die Wahrscheinlichkeit, den Tennisball am Ort B **nicht** vorzufinden, so verschwindend gering ist, dass das nicht eingetreten ist, solange die Menschheit Tennis gespielt hat - und ziemlich sicher nicht eintreten wird, solange noch Tennis gespielt wird. Darauf können sich alle angehenden Tennisspieler ohne weiteres verlassen.

Mit dem kleinen Elektron ist das schon nicht so sicher - hier zeigen die Interferenzen bereits, dass die Sicherheit, das Elektron im Ort B vorzufinden, nicht so groß ist wie beim Tennisball. Und was die Sache noch unsicherer macht - wir wissen auch nicht, was mit dem Elektron zwischen den beiden Orten A und B passiert. Wir registrieren nur ein Elektron, zuerst am Ort A und etwas später am Ort B. Ob es überhaupt dasselbe Elektron ist, wissen wir nicht - ob es überhaupt so etwas gibt wie eine Identität des Elektrons, wissen wir auch nicht.

Bei Wellen auf der Wasseroberfläche ist es so ähnlich. Wir können ohne weiteres sehen, wie sich eine Welle über die Meeresoberfläche hinwegbewegt und schreiben der Welle auch eine Identität zu. Diese Welle, sagen wir, kommt jetzt auf unser Boot zu. Aber die Welle ist ja nur die Auf- und Abbewegung der Wassermassen an der Oberfläche. Macht es überhaupt Sinn davon zu reden, dass die Bewegung, die wir gerade am Ort A gesehen haben, dieselbe Bewegung anderer Wassermassen kurze Zeit später am Ort B ist?

Damit ist der Begriff der Identität der Welle schon in Frage gestellt. Zumindest müssen wir genau wissen, was damit gemeint ist.

So ist es auch mit den Elektronen. Was wir berechnen, sind Wahrscheinlichkeitswellen, was wir messen, sind Lichtblitze auf einem Schirm oder Ausschläge in einer Messapparatur, die wir als Elektronen deuten. Aber nachdem wir jetzt nicht mehr wissen, ob wir Teilchen oder Wellen registrieren, verlieren wir auch die Sicherheit, von einer Identität des Elektrons reden zu können. An Ort A erscheint etwas, das aussieht wie ein Elektron und am Ort B erscheint kurze Zeit später auch etwas, das genauso aussieht. Aber was dazwischen geschieht, ist unklar. So, wie wenn man Tennis im Dunklen spielen würde, nur mit einer Taschenlampe ausgerüstet, mit der wir ab und zu den Ball sehen können.

Um die Identität des Elektrons uns genauer anzuschauen kehren wir zu den Streuversuchen mit Elektronen zurückkehren, die wir am 1. Tag schon kennengelernt haben.

Wir schickten Elektronen durch zwei eng nebeneinanderliegende Spalte und registrierten sie auf einem dahinterliegenden Schirm. Jedes einzelne Elektron verursachte dort, wo es auf den Schirm traf, einen kleinen Blitz, so dass wir durch Zusammenfassen aller Blitze das schon besprochene Interferenzmuster bekamen.

Das Interferenzmuster zeigt uns, dass die Elektronen wie Wellen durch die beiden Spalte gehen. Die einzelnen Blitze aber zeigen, dass die Elektronen Teilchen sind.

Wenn sie aber Teilchen sind, können sie kein Interferenzmuster bilden. Und weiterhin, wenn sie Teilchen sind, müssen sie logischerweise entweder durch den einen Spalt oder durch den anderen Spalt fliegen.

Wir wollen deshalb mit einigen Tricks versuchen, die Natur, bzw. die Elektronen zu überlisten, um herauszubekommen, ob sie nun Teilchen oder Wellen sind, indem wir sie auf dem Weg durch die beiden Spalte beobachten.

Dazu stellen wir eine winzige Lampe direkt hinter den beiden Spalten auf, so dass die Elektronen, wenn sie durch einen der beiden Spalte fliegen, gesehen werden können. Durch das Aufleuchten des Elektrons direkt hinter der Blende mit den beiden Spalten hoffen wir, sehen zu können, durch welchen Spalt es gekommen ist. Danach trifft es auf den Schirm auf, so dass wir auch das Interferenzmuster untersuchen können.

Das funktioniert auch wunderbar. Wir stellen fest, durch welchen Spalt jedes einzelne Elektron fliegt, und wir sehen, wie die Elektronen auf dem Schirm auftreffen.

Aber da passiert wieder etwas Merkwürdiges. Auf dem Schirm entsteht kein Interferenzmuster. Das einzige, was entsteht, ist eine Häufung der Blitze in der Mitte des Schirms hinter den beiden Spalten und eine geringere Blitzzahl zu den Rändern hin — vielleicht mit einer Delle in der Mitte je nachdem, wie weit die beiden Spalten auseinander liegen, genauso wie man es von Teilchen erwarten würde. Das Interferenzmuster ist verschwunden. Die Elektronen benehmen sich wie Teilchen.

Nach alledem, was wir im Laufe der letzten Tage gelernt haben, wissen wir auch, woran das liegt. Die Lampe hinter den Spalten stört die Elektronen. Die Lampe sendet Photonen aus. Wir sehen ja nur ein Elektron, wenn es mit einem Photon zusammenstößt und dieses Photon dann von uns gesehen wird, d.h. in unser Auge fällt. Dabei wird natürlich das Elektron auch aus seiner Bahn geworfen, und dadurch wird das Interferenzmuster zerstört.

Also nehmen wir eine schwächere Lichtquelle. Dazu haben wir zwei Möglichkeiten. Entweder nehmen wir eine Lichtquelle, die weniger Photonen emittiert, oder wir nehmen eine Lichtquelle, deren einzelne Photonen eine geringere Energie haben.

Probieren wir es zunächst mit der Lampe, die weniger Photonen ausstrahlt. Und siehe da, das Interferenzmuster erscheint wieder, aber nicht so deutlich. Es ist vermischt mit dem anderen Bild, das die Elektronen als Teilchen auf dem Schirm zeichnen. Wenn wir das etwas genauer untersuchen, stellen wir fest, dass wir nicht alle Elektronen hinter den beiden Spalten sehen. Dadurch, dass die Lampe weniger Photonen ausstrahlt, wird nun nicht jedes Elektron beleuchtet. Das erkennen wir daran, dass auf dem Schirm auch Blitze aufleuchten, ohne dass wir hinter den beiden Spalten ein Elektron gesehen hätten.

Wir haben also ein Gemisch von Elektronen, die wir gesehen haben, von denen wir also sagen können, durch welchen Spalt sie geflogen sind, und von Elektronen, die wir nicht gesehen haben, die also ungestört die beiden Spalte passiert haben, und von denen wir auch nicht wissen, durch welchen Spalt sie geflogen sind.

Die erste Menge von Elektronen erzeugt auf dem Schirm das Bild, das die Elektronen als Teilchen ausweist. Die zweite Menge von Elektronen, die der ungestörten Elektronen, erzeugt das Interferenzmuster, das die Elektronen als Welle ausweist.

Also sind wir nicht weitergekommen. Wenn wir die Elektronen als Teilchen registrieren, zeigen sie auch auf dem Schirm das Bild von Teilchen. Nur wenn sie ungestört sind, d.h. wenn wir auf die Information verzichten, durch welchen Spalt sie geflogen sind, zeigen sie sich durch Interferenz als Welle.

Deshalb probieren wir das Ganze nun mit einer Lampe, die Photonen niedrigerer Energie ausstrahlt. Das bedeutet aber Licht mit einer größeren Wellenlänge, d.h. rotes oder gar infrarotes Licht. Dann ist die Energie jedes einzelnen Photons so niedrig, dass die Elektronen nicht gestört werden und das Interferenzmuster nicht zerstört wird.

Und siehe da, es funktioniert. Das Interferenzmuster entsteht tatsächlich in aller Schönheit und ohne Überlagerung des Teilchenbildes auf dem Schirm, und wir sehen auch hinter den beiden Spalten jedes Elektron durch einen roten Blitz. Aber wir können nicht feststellen, durch welchen Spalt die Elektronen geflogen sind. Der rote Blitz ist viel zu unscharf. Er zeigt nur ein verschmiertes Aufleuchten hinter den beiden Spalten, so unscharf, dass wir ihn nicht einem der beiden Spalte zuordnen können. Die Wellenlänge der Photonen ist viel zu groß, um ein scharfes Bild vom Elektron erzeugen zu können.

D.h. auch hiermit haben wir wieder die Erkenntnis gewonnen, nur wenn wir auf die Information verzichten, durch welchen Spalt die einzelnen Elektronen geflogen sind, entsteht das Interferenzmuster. Wenn wir die Elektronen wie Teilchen registrieren, dann benehmen sie sich auch wie Teilchen.

Wir versuchen noch eine letzte Möglichkeit, die Elektronen zu überlisten. Wir schicken so wenig Elektronen durch die beiden Spalte, dass wir sicher sind, dass sie sich nicht gegenseitig stören. Das sehen wir anhand der Blitze auf dem Schirm. Erst wenn wir durch einen Blitz sehen, dass ein Elektron angekommen ist, schicken wir das nächste Elektron los. Wir müssen dann natürlich lange warten, bis wir auf dem Schirm das Muster erkennen können, das durch die Gesamtheit der Blitze erzeugt wird. Aber wir sind sicher, dass die Elektronen nicht untereinander in Wechselwirkung treten können. Sie kommen ja zu verschiedenen Zeiten durch einen der beiden Spalte. Wir wissen zwar nicht durch welchen, aber jedes einzelne Elektron muss ja entweder durch den einen oder durch den anderen Spalt fliegen.

Und nach einiger Zeit sehen wir wieder das Interferenzmuster - so als würden die Elektronen wie Wellen interferieren, auch wenn sie zu verschiedenen Zeiten durch die Spalte fliegen.

Wir können es drehen und wenden, wie wir wollen. Wenn wir die Elektronen wie Teilchen behandeln, d.h. wenn wir die Information über den Weg der Elektronen gewinnen, dann zeigen sie sich als Teilchen. Wenn wir sie wie Wellen behandeln, d.h. auf die Weginformation verzichten, dann zeigen sie sich als Wellen. Aber wir können nicht beide Eigenschaften auf einmal feststellen - die Information, durch welchen Spalt sie fliegen, also die Teilcheneigenschaft, und das Interferenzmuster, also die Welleneigenschaft.

Das ist für unser Empfinden völlig unlogisch. Aber vielleicht hängt das damit zusammen, dass wir uns die Elektronen immer als irgendetwas vorstellen, das seine Identität behält. Wenn ein Elektron ankommt, muss es nach unserem Verständnis durch einen der beiden Spalte geflogen sein. In Wirklichkeit ist es aber so: Wir schicken ein Elektron los in Richtung der beiden Spalte, und kurze Zeit später registrieren wir auf dem Schirm ein Elektron. Nun nehmen wir natürlich an, es handele sich um ein und dasselbe Elektron - und das ist wahrscheinlich der logische Fehler, den wir begehen, die Ursache für all die logischen Schwierigkeiten. Wir wissen ja gar nicht, was dazwischen passiert. Es ist so, als würde das Elektron erst entstehen, wenn es beobachtet wird. Wie fragwürdig die Identität von Teilchen ist, haben wir ja am 5. Tag schon besprochen.

Die quantenmechanische Beschreibung beinhaltet nur die Aussage, die wir eben gemacht haben. Wir schicken ein Elektron los und berechnen die Wahrscheinlichkeit für das Erscheinen eines Elektrons an einem Ort auf dem Schirm. Das ergibt dann das Interferenzmuster. Was dazwischen passiert, wissen wir nicht, können wir grundsätzlich nicht wissen.

Wenn wir dazwischen etwas messen, z.B. durch welchen Spalt ein Elektron fliegt, dann haben wir eine ganz andere Situation. Dann berechnen wir in der Quantenmechanik die Wahrscheinlichkeit für einen Ort auf dem Schirm dafür, dass dort ein Elektron erscheint unter der Voraussetzung, dass hinter einem der beiden Spalten ein Elektron erscheint (Abb.6.1).

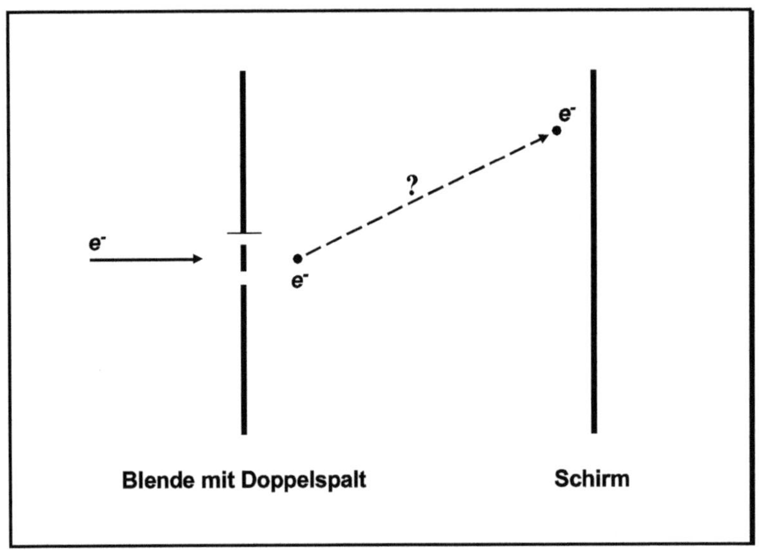

Abb.6.1. Zur Identität der Elektronen.

Wenn wir hinter dem Doppelspalt ein Elektron feststellen und kurze Zeit danach am Schirm ein Elektron messen, dann nehmen wir normalerweise an, es handele sich um dasselbe Elektron.

In Wirklichkeit messen wir nur mit einer gewissen Wahrscheinlichkeit das Auftauchen eines Elektrons am Schirm unter der Voraussetzung, dass hinter dem Doppelspalt ein Elektron erscheint. Was dazwischen passiert, wissen wir nicht – und ob es überhaupt sinnvoll ist zu fragen, ob es dasselbe Elektron sei oder nicht, wissen wir auch nicht.

Damit müssen wir uns zufriedengeben. Mehr wissen auch die Elektronen nicht - oder mehr weiß auch das Phänomen, das uns als Elektron erscheint, nicht.

Mit dem Verschwinden des Elektrons endet bald auch unser Spaziergang.

Das Elektron trat am Anfang unseres Ausflugs als handfeste kleine Kugel auf, zeigte dann aber einige seltsame Eigenschaften, nahezu Unarten für das Empfinden der klassischen Physik. Wir mussten deshalb ganze Denkgebäude einreißen und neugestalten. Das Elektron wurde dann zunehmend diffuser, wusste nicht, ob es als Welle oder als Teilchen auftreten sollte. Es bekam enge Verwandte, das Positron und damit auch das Photon. Die benahmen sich genauso eigenartig.

Schließlich verlor es auch noch seine Identität; übrig blieb eine Erscheinung, deren Eigenschaften erst bei der Beobachtung entstanden - so als würden wir sie erst hinein interpretieren - ein unwirklicher Geist auf der Grenze zwischen Realität und Nichtexistenz. Und dennoch beherrscht dieses geisterhafte Elektron die gesamte handfeste Technik unseres Lebens. Licht, Kommunikation und Transport sowie zahlreiche Bequemlichkeiten haben wir diesem Elektron zu verdanken - ohne, dass wir wissen, was ein Elektron ist.

All das gehört mit zur Geschichte des Elektrons. Wir haben außerdem damit so nebenbei im Prinzip nahezu die gesamte Physik gestreift, grundlegende Gedanken der Mechanik - dazu gehört auch die Relativitätstheorie - die Natur des Lichtes, die Grundzüge der

Elektrodynamik und der Atomphysik mit der Quantentheorie. Morgen am 7.Tag werden wir noch etwas über die Polarisation des Lichtes kennenlernen.

Natürlich ist die Physik ein sehr viel weiteres Feld, aber das Grundgerüst dazu haben wir auf unserem Spaziergang kennen gelernt – so, dass man damit auch weiter in die Materie eindringen kann.

Warum ist die Natur so seltsam und für unser Empfinden so unlogisch? Vermutlich wäre die Welt der klassischen Physik gar nicht existenzfähig. Wir haben ja all diese Schwierigkeiten, die sich in der klassischen Vorstellung vom Elektron ergeben, kennen gelernt.

Beim Elektron stellten wir zwei verschiedene Eigenschaften oder Erscheinungsformen fest. Es erschien uns manchmal als Teilchen und dann wieder als Welle. Für dieses Etwas, was uns als Elektron erscheint, haben wir vielleicht gar keinen Begriff in unserer Welt. Wir sehen etwas, das manchmal eine Zahl darstellt, manchmal aber auch ein Wappen. Wir wissen nicht, was das ist, wir haben keine Bezeichnung dafür, geschweige denn eine Vorstellung von einer Münze. Wir brauchen beide Erscheinungsformen, Zahl und Wappen, um dieses Etwas zu beschreiben. Das sind die Erscheinungsformen, die in unserer Begriffswelt auftauchen, die sich für uns logisch widersprechen. Die Münze liegt außerhalb unserer Begriffswelt. Das ist das Bohrsche Komplementaritätsprinzip.

Auch unsere eigene Identität ist nicht so gesichert. Die Atome und Moleküle, aus denen ich bestehe, sind sicher nicht mehr dieselben wie vor sieben Jahren. Der Metabolismus des Organismus sorgt für einen ständigen Stoffaustausch mit der Umgebung. Wir behelfen uns damit, zu sagen, dass unsere Identität nicht durch unseren Körper gegeben ist, sondern durch die Strukturen, die unserem Körper eigen sind, vor allem durch unsere geistigen Strukturen, die durch unser Gehirn festgehalten werden, obwohl unser Gehirn genauso dem metabolischen Austausch mit der Umgebung unterliegt. Dieses Überdauern der geistigen Strukturen erleben wir als Erinnerung. Aber wir geben diesen Strukturen einen Namen, der dann in der Personalakte festgehalten wird. Die Personalakte unterliegt normalerweise keinem Austausch, dort wird nur gesammelt - sie bleibt ewig - und setzt Staub an.

Die Vorstellung über die Natur der Wahrscheinlichkeitswellen konzentrierte sich vor allem auf zwei unterschiedliche Schulen. In der einen, die von Born vertreten wurde, ist man der Ansicht, die Wahrscheinlichkeitswellen seien mathematische Konstruktionen, die aussagen, wo sich Teilchen vorwiegend aufhalten.

Die andere Schule, die Wiener Schule, die von Schrödinger vertreten wurde, ist der Meinung, die Teilchen seien tatsächlich verschmiert, die Materiewellen stellten diese Verschmierung dar. Das Elektron in der Umgebung des Atomkerns befände sich gewissermaßen überall gleichzeitig.

7. Tag, polarisierte Photonen.

Auch die polarisierten Photonen geben Rätsel auf. Wenn wir von polarisierten Photonen reden, dann dürfen wir nicht vergessen, dass damit gemeint ist, dass die elektromagnetische Welle, die sich als Photon zeigen kann, polarisiert ist.

Wenn nun ein solches Photon auf ein Polarisationsfilter trifft, dann geht es durch das Filter oder es wird im Filter absorbiert, je nachdem wie das Filter gedreht ist.

Der Photograph kennt solche Polarisationsfilter. Die setzt er vor die Linse seiner Kamera, um z.B. Spiegelungen von Fensterscheiben zu unterdrücken. Das Licht, das von Glasscheiben reflektiert wird, ist polarisiert. Er muss nur das Filter richtig drehen - nämlich um die optische Achse der Kamera, die Richtung, in die die Kamera schaut. So ein Polarisationsfilter stellt man sich vor wie ein Gitter aus parallelen Gitterstäben. Wenn man das schon vielfach zitierte Springseil durch ein solches Gitter führt, bevor man es an der Türklinke befestigt, dann kann man daran die Wirkung dieses „Polarisationsfilters" auf die Schwingung des Springseils demonstrieren. Wenn das Seil in Richtung der Gitterstäbe schwingt, dann bilden die Gitterstäbe kein Hindernis; die Schwingung geht ungehindert durch. Wenn man aber versucht, das Seil senkrecht zu den Gitterstäben zu schwingen, dann bremsen die Gitterstäbe die Schwingung; die Schwingung geht nicht durch das „Polarisationsfilter". So ähnlich wirkt auch das optische Polarisationsfilter. Es besteht aus Molekülen, die so angeordnet sind, dass sie auf die Photonen wirken wie die Gitterstäbe auf die Schwingung des Springseils. Wenn das Polarisationsfilter so gedreht ist, dass die „Stäbchen" senkrecht stehen - senkrecht zur Tischoberfläche, wo man das Filter hingestellt hat - dann gehen nur senkrecht polarisierte Photonen durch. Horizontal polarisierte Photonen werden zurückgehalten.

Das führt natürlich dazu, dass nur die senkrecht polarisierten Photonen durchkommen, wenn man einen Schwarm von Photonen, die alle Polarisationsrichtungen aufweisen, durch das Filter schickt. Mit dem Filter kann man auf diese Weise aus nichtpolarisiertem Licht polarisiertes Licht erzeugen.

Das kann man bestätigen, indem man hinter dieses Filter ein zweites Polarisationsfilter aufstellt. Dreht man das in vertikale Richtung, gehen die Photonen auch durch dieses Filter. Dreht man es in horizontale Richtung, gehen die Photonen nicht durch; hinter dem zweiten Filter ist es dunkel.

D.h. sind die beiden Filter parallel orientiert, lassen sie Licht durch (Abb.7.3.a). Sind sie so orientiert, dass ihre Polarisationsrichtungen senkrecht zu einander stehen, dann lassen sie kein Licht durch (Abb.7.3.b).

So weit ist es ja verständlich. Man kann sich auch ein Gebäude vorstellen mit einem Eingang aus zwei hintereinander liegenden Türen. Wenn ich durch die erste Tür nur Frauen durchlasse, dann habe ich hinter dieser Tür nur Frauen. Wenn ich sie dann durch eine zweite Tür schicken will, die nur Männer durchlässt, dann kommt überhaupt niemand durch (Abb.7.1).

Wenn ich die zweite Tür so ändere, dass sie nur Frauen durchlässt, dann kommen alle Frauen ins Gebäude.

Nun setze ich zwischen die beiden Türen eine dritte Tür, die folgende Eigenschaft hat: sie lässt mit 50%-iger Wahrscheinlichkeit Männer durch und mit 50%-iger Wahrscheinlichkeit Frauen (Abb.7.2). D.h. kommt ein Mann an diese etwas eigenartige Tür, hat er eine 50%-ige Chance durchzukommen - genauso die Frau. Kommt eine ganze Volksmenge an eine solche Tür, dann habe ich hinter der Tür wieder eine Volksmenge - allerdings etwas weniger Leute, weil ja sowohl Männer als auch Frauen nur 50 % Chance haben durch die Tür zu kommen, d.h. ich habe hinter dieser Tür wieder Männer und Frauen, aber nur die Hälfte der Leute, die versucht haben, durch die Tür zu kommen. Die andere Hälfte muss draußen bleiben.

Genauso verhält sich ein Polarisationsfilter, das unter dem Winkel 45° relativ zur Senkrechten (und damit auch zur Waagrechten) gedreht ist. Wenn vertikal polarisiertes Licht auf dieses 45°-Filter trifft, dann geht die Hälfte der Photonen durch; jedes einzelne Photon hat 50% Chance durchzukommen - und dasselbe gilt für horizontal polarisiertes Licht.

Abb.7.1. Zwei Polarisationsfilter.

Zwei Polarisationsfilter hintereinander, deren Polarisationsrichtungen senkrecht aufeinander stehen, verhalten sich wie zwei Türen hintereinander, von denen die erste nur Frauen durchlässt und die zweite nur Männer.

Abb.7.2. Schräggestelltes Polarisationsfilter.

Ein Polarisationsfilter, dessen Orientierung 45° zum einfallenden polarisierten Licht beträgt, verhält sich wie eine Tür, die mit 50%-iger Wahrscheinlichkeit Männer durchlässt und mit 50%-iger Wahrscheinlichkeit Frauen. Die Tür hat eine merkwürdige Eigenschaft. Obwohl nur Frauen durch die Tür gehen, erscheinen auf der anderen Seite der Tür auch Männer.

Kehren wir nochmals zum Gebäude mit den beiden Türen zurück. Die erste Tür lässt nur Frauen durch, die zweite Tür lässt nur Männer durch - also kommt niemand ins Gebäude.

Nun setze ich dazwischen diese dritte Tür, die zur Hälfte Frauen und zur Hälfte Männer durchlässt. Was wird passieren? Nun, logischerweise kommt immer noch niemand ins Gebäude.

Nun mache ich dasselbe mit den Polarisationsfiltern. Ich setze zwischen das vertikal ausgerichteten Filter und das horizontal ausgerichteten Filter ein Filter unter dem Winkel 45°. Was wird passieren?

Das erste Filter lässt nur vertikal polarisierte Photonen durch, das Zwischenfilter lässt diese zur Hälfte durch, und das letzte Filter lässt nur horizontal polarisierte Photonen durch - also bleibt es immer noch dunkel. - Denkste. - Es wird hinter dem letzten Filter plötzlich hell (Abb.7.3.c). Nimmt man das Zwischenfilter wieder heraus, ist es hinter dem letzten Filter wieder dunkel. Schiebt man das Zwischenfilter wieder hinein, wird es wieder hell.

Obwohl dieses Zwischenfilter nur einen Teil der Photonen durchlässt, führt es dazu, dass insgesamt mehr Licht durch die ganze Anordnung der drei Filter geht als durch die beiden äußeren Filter allein.

Schauen wir uns wieder den Vergleich mit den hinter-einander liegenden Türen an. Die dritte Tür, die wir dazwischen gebaut hatten, führt also dazu, dass durch die letzte Tür doch einige Leute durch kommen - und zwar Männer.

Die erste Tür lässt nur Frauen durch; die letzte Tür lässt nur Männer durch. Die Zwischentür lässt beide durch, aber nur zur Hälfte. Wenn jetzt, obwohl die erste Tür nur Frauen durchlässt, doch einige Männer ins Gebäude kommen, dann muss die Zwischentür noch eine merkwürdige Eigenschaft haben. Sie wandelt Frauen zu Männern um (Abb.7.2).

D.h. es ist gar nicht so, dass die Zwischentür mit 50%-iger Wahrscheinlichkeit Männer und mit 50%-iger Wahrscheinlichkeit Frauen durchlässt, sondern es ist viel eher so, egal wer durch die Tür geht, die Person erscheint hinter der Tür mit 50%-iger Wahrscheinlichkeit als Frau und mit 50%-iger Wahrscheinlichkeit als Mann. Oder anders ausgedrückt, wenn eine Person durch die Tür gehen will, verschwindet diese Person und es erscheint auf der anderen Seite der Tür wieder eine Person, die eine Frau sein kann oder auch ein Mann, jeweils mit 50%-iger Wahrscheinlichkeit.

Damit ist auch die Identität der Person als Frau oder als Mann in Frage gestellt.

Bei den Polarisationsfiltern ist es genauso. Das Photon, das auf das Zwischenfilter fällt, egal ob es horizontal oder vertikal polarisiert ist, kommt auf der anderen Seite mit 50%-iger Wahrscheinlichkeit als horizontal polarisiertes Photon und mit 50%-iger Wahrscheinlichkeit als vertikal polarisiertes Photon heraus.

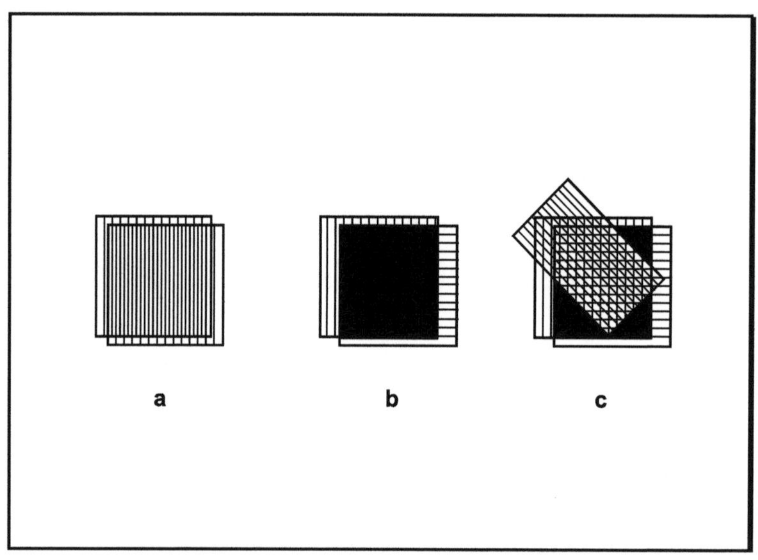

Abb. 7.3. Polarisationsfilter.

Sind die beiden Filter parallel orientiert, lassen sie Licht durch (a). Sind sie so orientiert, dass ihre Polarisationsrichtungen senkrecht zueinander stehen, dann lassen sie kein Licht durch (b).

Schiebt man zwischen die beiden Filter ein drittes Polarisationsfilter, dessen Orientierung 45° zu den beiden anderen beträgt, lässt die ganze Anordnung von drei Filtern wieder Licht durch (c).

Das Zwischenfilter unterscheidet sich von den beiden anderen Filtern nur durch die Orientierung. D.h. das Polarisationsfilter generell lässt nicht Photonen durch, sondern es absorbiert Photonen und schickt auf der anderen Seite Photonen heraus - und zwar mit einer bestimmten Verteilung ihrer Polarisation. Die meisten Photonen sind so polarisiert wie das Polarisationsfilter orientiert ist, aber einige sind auch schräg dazu polarisiert, mehr oder weniger. Je schräger umso weniger sind es.

Das Photon verliert seine Identität beim Auftreffen auf das Filter - falls es überhaupt sinnvoll ist von einer Identität zu sprechen, und es entsteht auf der anderen Seite des Filters ein neues Photon. Mit dieser Vorstellung über die Photonen und ihre Polarisation ist auch das merkwürdige Verhalten der Polarisationsfilter verständlich.

Das Verhalten der Polarisationsfilter erscheint nur paradox in der Vorstellung, das Licht bestünde aus Photonen. Wenn wir bei dem Bild der elektromagnetischen Welle bleiben, ist das Polarisationsfilter durchaus verständlich.

Der schwingende elektrische Vektor regt die Moleküle im Filter an. Die Anregungswahrscheinlichkeit ist abhängig von der gegenseitigen Orientierung des elektrischen Vektors und der Moleküle. Die angeregten Moleküle emittieren ihrerseits elektromagnetische Wellen, wie kleine Antennen. Die Polarisation der emittierten Welle ist durch die Orientierung der angeregten Moleküle bestimmt. In diesem Bild treten keine Identitätsfragen der elektromagnetischen Welle auf.

Erst wenn wir die Eigenschaften des Lichtes durch Photonen beschreiben müssen - und es gibt ja Phänomene, die sich nicht durch die Wellennatur des Lichtes beschreiben lassen, wie wir gesehen haben - treten Fragen nach der Identität der einzelnen Photonen auf. Die Photonen selbst sind also keine Teilchen im herkömmlichen Sinne - sie sind gerade so existent, dass sie einige Phänomene des Lichtes erklären können, aber nicht so existent, dass man von einer Identität sprechen könnte. Versucht man die Photonen als Teilchen zu fassen, verschwinden sie wieder - so wie die Elektronen, wie wir früher gesehen haben. Hier kommt das Komplementaritätsprinzip von Niels Bohr wieder voll zum Tragen. Wir brauchen beide Bilder - elektromagnetische Welle und Photonen - obwohl sie sich widersprechen - um die Natur des Lichtes beschreiben zu können.

Dieses Bild von der Absorption und Emission der elektromagnetischen Welle erklärt nicht nur das Verhalten des Polarisationsfilters, sondern auch die Wechselwirkung des Lichtes mit jedem beliebigen Körper. Wenn Licht auf Glas auftrifft, geschieht dasselbe. Der elektrische Vektor regt die Moleküle im Glas an. Diese angeregten Moleküle senden wieder elektromagnetische Wellen aus. Diese regen wieder Glasmoleküle an, die tiefer im Glaskörper liegen, usw. Auf diese Weise pflanzt sich die elektromagnetische Welle im Glaskörper durch Absorption und Emission fort. Auf der anderen Seite kommt dann das Licht heraus, die elektromagnetische Welle, die von den Molekülen auf der Oberfläche der anderen Seite emittiert wird.

Deshalb ist Glas durchsichtig. Die Photonen gehen also nicht durch das Glas, sondern es sind andere Photonen, sie werden absorbiert und entstehen immer wieder neu.

Bei der Spiegelung geschieht dasselbe, nur dass die Moleküle an der Oberfläche ihre Energie hauptsächlich in die Richtung wieder emittieren, wo das Licht herkam - oder unter einem bestimmten Winkel zur Einfallsrichtung des Lichtes. Die Physik des durchsichtigen Körpers ist also gar nicht so unverständlich.

Etwas schwieriger zu verstehen ist, warum es auch undurchsichtige Körper gibt. In diesen gelingt es den Molekülen nicht, ihre Anregungsenergie wieder vollständig als elektromagnetische Welle zu emittieren, ein Teil davon geht durch Stöße mit den Nachbarmolekülen verloren - es entsteht Wärme statt dessen. Wenn Licht auf einen undurchsichtigen Körper auftrifft, wird er warm.

Auch die Farben der Körper sind in diesem Bild zu verstehen. Die meisten Moleküle sind wählerisch bei der Aufnahme von Licht. Und was sie nicht absorbieren, wird wieder emittiert, bzw. reflektiert. Wenn das Licht schon in der Oberflächenschicht zurück emittiert wird, spricht man von Reflexion.

Das weiße Licht der Sonne besteht aus all den Farben, die wir im Regenbogen sehen, rot, orange, gelb, grün, blau, violett und der unendlichen Vielfalt der Zwischentöne. Ein Körper, der aus dem weißen Licht vorwiegend das blaue Licht absorbiert, wird von uns als gelb gesehen.

Die Zitrone wird daher im blauen Licht dunkel erscheinen. Sie kann ja kein gelbes Licht emittieren, weil keines da ist; also bleibt sie dunkel. Einige Stoffe können auch das blaue Licht absorbieren und dann wieder gelbes Licht emittieren. Das sind sogenannte Fluoreszenzfarbstoffe. Die leuchten auch im blauen Licht gelb. Die Zitrone kann das nicht.

8. Tag, über Naturgesetze.

Damit wollen wir unseren Spaziergang zunächst beenden. Wir bleiben aber mitten in der Landschaft stehen. Die Geschichte des Elektrons ist ein Fortsetzungsroman, der noch nicht fertig geschrieben ist. Wir müssen es künftigen Generationen von Forschern überlassen, den Roman weiter zu schreiben. Es kommen sicher noch viele spannende Kapitel hinzu, wahrscheinlich wird er aber immer unvollendet bleiben.

Bevor wir uns verabschieden, wollen wir uns all das, was wir auf unserem Spaziergang kennengelernt haben, nochmal durch den Kopf gehen lassen und dazu einige philosophische Gedanken machen.

Mit der Philosophie begibt man sich leicht auf Glatteis. Aber man hat als Philosoph einen entscheidenden Vorteil. Wenn man als Naturwissenschaftler sich aufs Eis wagt, stehen die Kollegen am sicheren Ufer und rufen, das Eis ist zu dünn. Wenn man sich als Philosoph aufs Eis begibt, müssen die Kollegen mit aufs Eis, um zu zeigen, dass es zu dünn ist, und das trauen sich viele nicht.

1. Entwicklung unseres Weltbildes.

Viele Geister haben sich mit tiefgehenden Gedanken über den Kosmos beschäftigt. Die Vorstellung, meinen wir, muss plausibel sein. Nur, die Plausibilität ist ein subjektiver Begriff. Archimedes'

Vorstellung über den Sternenhimmel war zweitausend Jahre lang plausibel. Dann wurden Kepplers und Galileis Ansichten noch plausibler. Aber auch die Schöpfungsgeschichte des Alten Testaments ist für viele plausibel, ebenso wie die Erschaffung der Welt in der Sagenwelt der Edda.

Bis zum Anfang des 20. Jahrhunderts war das Newtonsche Weltbild erfolgreich, es konnte alle (fast alle) Erscheinungen durch einfache plausible Annahmen erklären. Die Newtonschen Objekte hatten Eigenschaften unabhängig von anderen Objekten, sie bewegten sich einfachen Gesetzen gehorchend autonom in einem absoluten Raum unter dem Diktat einer absoluten Zeit.

Diese absolute Zeit, eine große Weltenuhr, galt im ganzen unendlichen Raum, so ähnlich wie die Normaluhr der Bundesbahn, die auf allen Bahnhöfen Deutschland dieselbe Zeit anzeigt. Es war also durchaus sinnvoll, die Frage zu stellen, was passiert gerade jetzt, in diesem Augenblick, überall im Universum.

In das Newtonsche Weltbild fügte sich die Vorstellung Descartes' und später Boltzmanns. Wenn man alle Anfangsbedingungen aller Objekte, Sterne, Planeten, Atome, genau erfassen könnte, Orte, Geschwindigkeiten, könnte man das Geschehen der Welt in alle Zukunft exakt vorherberechnen. Die Welt wäre vollständig deterministisch. Es gäbe keinen Raum für Zufälle, alles wäre vorherbestimmt. Es gäbe letzten Endes auch keinen freien Willen. Unsere Entscheidungen wären ewigen Gesetzen unterworfen.

Auch das Prinzip, es geschieht nichts und es ist nichts ohne Grund, alles Geschehen hat eine Ursache, passt in dieses Weltbild. Man müsste ja nur von den augenblicklichen Zuständen rückwärts rechnen, um die Ursache für den jetzigen Zustand, für das jetzige Geschehen zu finden.

Im Gegensatz dazu stand das Leibniz'sche Weltbild, in dem die Eigenschaften der Objekte von den Eigenschaften aller anderen Objekte abhingen, ja gegeben waren. Die Objekte waren nicht unabhängig voneinander, deren Eigenschaften waren relational. Die Welt war ein großes Netzwerk von gegenseitigen Beziehungen. Lage und Geschwindigkeit von Objekten konnten nicht absolut angegeben werden, sondern nur relativ zu anderen Objekten. Auch andere Eigenschaften, wie Masse und Ladung waren relational. Die Trägheit der Masse war durch das Vorhandensein aller anderen Massen, ferner Sterne, im Kosmos verursacht. Das war das Mach'sche Prinzip.

Damit wurde die Berechnung der Zukunft im Sinne Descartes' natürlich sehr viel schwieriger, aber sie war im Prinzip immer noch möglich.

Für die Physik bedeutete diese Relativität von Lage und Geschwindigkeit, dass es nicht möglich ist, mit irgendwelchen Versuchen der Mechanik, Bälle werfen, Tassen fallen lassen u. ä. zu ermitteln, ob man selbst sich absolut bewegte oder sich in Ruhe befindet.

Einstein griff diese Relativität von Lage und Geschwindigkeit auf und erhob das zu dem allgemeinen Prinzip, es gibt überhaupt keine

Möglichkeit, weder mit mechanischen noch mit optischen Mitteln, etwa durch Messung der Lichtgeschwindigkeit, festzustellen, ob man sich selbst absolut bewegt oder in Ruhe befindet.

Damit war der absolute Raum verschwunden. Und noch mehr, es stellte sich heraus, dass auch die absolute Zeit verloren gegangen war. Die Frage danach, was geschieht im Augenblick im Universum, ist sinnlos geworden.

Mit dem Einzug der Statistik in das Weltbild der Physik begann auch die Newtonsche und die kartesianische Vorstellung zu wackeln. Der radioaktive Zerfall machte gedanklich große Probleme. Warum zerfiel plötzlich ein Atom, welcher Mechanismus steckte dahinter? Hier geschieht etwas nicht vorhersehbares. Welche Rolle spielt dabei das Leibniz'sche Prinzip vom hinreichenden Grund? Man fand keinen Grund für den Zerfall eines einzelnen Atomkerns, obwohl die große Menge von radioaktiven Atomen durchaus sich nach einem Zerfallsgesetzt richten.

Leibniz würde vielleicht zum radioaktiven Zerfall spitzfindig antworten: Es gibt sicher einen hinreichenden Grund dafür, dass man für den radioaktiven Zerfall keinen Grund angeben kann.

Man hatte schon früher über die spitzfindige Frage nachgedacht und hinreichende Begründungen gesucht, warum der Kosmos nicht einen Tag früher erschaffen worden wäre, als es tatsächlich geschah, und warum der Kosmos nicht einen Meter links von der Stelle erschaffen wurde, wo der Ursprung tatsächlich war. Aber auch hier fand man doch eine sozusagen übergeordnete Antwort: Es gibt einen hinreichenden Grund dafür, dass es keinen Grund gab, den Kosmos gerade an diesem Ort und zu dieser Zeit zu erschaffen. Die Vorstellung eines bestimmten Ortes und eines bestimmten Zeitpunktes der Erschaffung der Welt beinhaltet die Vorstellung eines absoluten Raumes, in dem die Schöpfung geschah, und auch die Vorstellung einer absoluten Uhr, an der man den Zeitpunkt der Schöpfung ablesen könnte. Beides, erkannte man, gibt es nicht, denn unendlich ist nur das Nichts, und ewig ist nur die zeitlose Nichtexistenz. Aber die Fragestellung zeigt, wie man auf Grund von falschen Vorstellungen zu nicht beantwortbaren Fragen gelangt.

Mit der Entwicklung der Quantentheorie parallel zur Diskussion um die Relativitätstheorie entstand die bis jetzt endgültige Spaltung der Physik in diese zwei Lager, die sich vor allem in den berühmten Diskussionen zwischen Albert Einstein und Niels Bohr konzentrierte, so wie um die Diskussion des Einstein-Podolsky-Rosen (EPR) Gedankenexperiments. Die Quantentheorie zeigte nicht nur, dass die Natur mit ihrer „spukhaften Fernwirkung" (Einstein über die QT) eine nichtlokale Seite hat, die jedoch nicht im Widerspruch zur RT steht, sondern auch dass die Eigenschaften der Objekte im Mikrokosmos nicht der Newtonschen Vorstellung von der Unabhängigkeit der Objekte entspricht, vielmehr sieht es so aus, als ob die Eigenschaften auch vom Beobachter bzw. von der experimentellen Anordnung abhängen.

Die Eigenschaften, die wir den Objekten des Mikrokosmos

(Elektronen, Photonen z.B.) zuschreiben (Ort, Geschwindigkeit, Polarisation z.B.) stammen begriffsmäßig naturgemäß aus dem Mesokosmos, aus der uns gewohnten Umgebung mit den uns geläufigen Objekten (Tennisbällen, Autos). Für ein Elektron, also ein Objekt aus dem Mikrokosmos, das durch eine Materiewelle beschrieben wird, sind die Eigenschaften Ort und Geschwindigkeit fremd und nicht genau bestimmbar, sie unterliegen der Heisenbergschen Unschärfe. Daher ist es nicht verwunderlich, dass wir mit unseren mesoskaligen Versuchsanordnungen die Eigenschaften aus unserem mesoskaligen Kosmos auf die mikrokosmischen Objekte übertragen und glauben, wir hätten die Eigenschaften dieser Objekte gemessen. Das Photon hat nicht die Eigenschaft Polarisation. Diese Eigenschaft wird ihm erst durch die Messung im Polarisationsfilter zugeschrieben.

Die zentrale Rolle in diesen beiden Gedankenwelten der Physik sind einerseits die konstante Lichtgeschwindigkeit c in der Relativitätstheorie, anderseits das Planck'sche Wirkungsquantum h in der Quantentheorie. Die Konstanz der Lichtgeschwindigkeit ist Ausdruck für das allgemeine Relativitätsprinzip, das vorhin erwähnt wurde, und das Planck'sche Wirkungsquantum ist die von der Natur für uns gesetzte Grenze der Genauigkeit, mit der wir zwei sogenannte kanonisch konjugierte Größen gleichzeitig nach der Heisenbergschen Unschärferelation messen können, etwa Ort und Geschwindigkeit (Impuls) eines Objektes.

2. *Über Naturgesetze*

Wenn wir ein Naturgesetz – einen Zusammenhang zwischen verschiedenen Erscheinungen in der Natur – erkennen, fragen wir uns, warum das so ist.

Newtons Gesetz der Gravitation ist ein umgekehrt quadratisches Gesetz. Es besagt, dass die Anziehungskraft zwischen zwei Massen mit dem Quadrat des Abstandes zwischen den Massen abnimmt. Dasselbe gilt für die Kraft zwischen elektrischen Ladungen, obwohl das eine völlig andere Art von Kraft ist. Das Gesetz der umgekehrt quadratischen Beziehung zwischen Kraft und Abstand hängt mit der Tatsache zusammen, dass unser Raum dreidimensional ist.

Es gibt noch viele verborgene Zusammenhänge in der Natur. Es scheint, als fehle uns noch eine höhere Warte, von der aus die Naturgesetze selbstverständlicher und einfacher zu überschauen wären.

Vielleicht sollte man gar nicht von „Gesetzen" sprechen. Die Elektronen oder Planeten gehorchen beim Durchlaufen ihrer Bahnen nicht irgendwelchen Gesetzen. Der Ausdruck „Naturgesetz" vermittelt zu sehr die Vorstellung, es gäbe bestimmte von jemandem vorgegebene Regeln und Gesetze, nach denen sich dann die geschaffenen Teilchen, ob Elektronen oder Planeten, zu richten hätten.

Was wir beobachten, sind jedoch eher Eigenschaften dieser Teilchen.

Das elektromagnetische Feld ist nicht eine Kraft, der das Elektron Folge leisten muss, es ist vielmehr eine Eigenschaft der elektrischen Ladung. Ebenso ist die Gravitation eher eine Eigenschaft der Masse.

Wir machen uns Bilder von den Eigenschaften des Elektrons, die untereinander nicht kompatibel sind. Für jede Eigenschaft formen wir uns ein Modell des Elektrons, ein Modell, mit dem diese Eigenschaft erklärt oder beschrieben wird. Nur, alle diese Modelle passen nicht zusammen, sie ergeben kein geschlossenes Bild des Elektrons.

Das Elektron stellt dabei nur ein Beispiel dar, stellvertretend für viele Naturerscheinungen, die wir immer nur aus einer bestimmten Perspektive beobachten können.

Eine solch höhere Warte wurde z.B. mit der Relativitätstheorie erreicht. In der Newtonschen Mechanik kannte man schon das Relativitätsprinzip. Man hatte hier bereits die Vorstellung entwickelt, dass es nur relative Geschwindigkeiten gibt. Es gibt kein mechanisches Experiment, mit dem man feststellen könnte, ob ein System ruht oder sich mit konstanter Geschwindigkeit bewegt.

Wir kennen das von unserer Erfahrung in der Eisenbahn. Wir können weder, indem wir Bälle werfen, noch indem wir mit Pendeln, Waagen oder sonstigen mechanischen Geräten arbeiten, feststellen, ob die Bahn steht oder sich gleichförmig bewegt. Nur wenn man hinausschaut, sieht man, ob man sich bewegt. Und auch dann wissen wir nicht, ob sich der Zug bewegt, oder ob sich die ganze Erde unter dem ruhenden Zug in die entgegengesetzte Richtung bewegt.

All das hat man zusammengefasst, indem man festgestellt hat, es gibt nur relative Geschwindigkeiten. Es gibt kein mechanisches Experiment, mit dem man eine absolute Geschwindigkeit feststellen könnte.

Und dann kam die Idee mit dem Äther und der Lichtgeschwindigkeit, wie wir es schon am 2. Tag kennengelernt haben. Mit einem solchen optischen Experiment, wie es Michelson versuchte, wollte man die absolute Geschwindigkeit der Erde messen. Als das nicht gelang, erreichte man die höhere Warte der Relativitätstheorie mit der Formulierung: es gibt auch kein optisches Experiment, mit der man eine absolute Geschwindigkeit messen könnte. Es gibt überhaupt kein solches Experiment. Von einer absoluten Geschwindigkeit zu reden ist sinnlos.

3. Die Eigenschaft der Masse

Wir hatten am 1. Tag schon den Unterschied zwischen der feldfreien Masse und der elektromagnetischen Masse des Elektrons kennengelernt. Die feldfreie Masse des Elektrons ist die Masse, die das Elektron ohne elektrische Ladung hätte - wenn das überhaupt sinnvoll ist; vielleicht ist das so wie Farbe ohne Licht.

Ob wirklich ein Unterschied besteht, wissen wir nicht. Auch über das Verhältnis dieser beiden Massenarten können wir nichts sagen; wir können nur die Summe der beiden messen.

Dann haben wir noch am 3. Tag den Unterschied zwischen der Ruhemasse und der relativistischen Masse kennengelernt. Beim Photon, dem Lichtteilchen, haben wir gesehen, es muss die Ruhemasse Null haben, um mit Lichtgeschwindigkeit fliegen zu können, wobei es dann eine endliche Masse hat, d.h. eine Masse mit irgendeinem Wert größer als Null aber nicht unendlich groß.

Eine der großen Fragen ist nun, was ist das für eine Masse, die das Photon hat, ist es feldfreie Masse oder elektromagnetische Masse - immerhin entstehen ja Photonen aus der Vernichtung der elektromagnetischen Masse des Positroniums - oder ist es etwas Drittes?

Wir wissen, dass die Masse des Photons schwer ist, d.h. sie unterliegt der Schwerkraft. Man hat die Ablenkung der Lichtstrahlen von fernen Sternen gemessen, wenn sie nahe an der Sonne vorbeilaufen - also durch das starke Gravitationsfeld der Sonne, bevor sie von unseren Fernrohren aufgefangen werden. Bei einer totalen Sonnenfinsternis, wenn der Mond die Sonnenscheibe verdeckt, kann man die Sterne in unmittelbarer Nähe der Sonne sehen. Vergleicht man eine Aufnahme von diesem Sternenhimmel um die Sonne herum mit einer Aufnahme derselben Gegend zu einer Zeit, wenn die Sonne auf der anderen Seite des Himmels steht, dann sieht man, wie die Sterne vermeintlich von der Sonne abrücken. Malt man sich den Strahlengang um die Sonne auf, erkennt man schnell, dass diese „Abstoßung" der Sterne von der Sonne dadurch zustande kommt, dass die Lichtstrahlen von der Sonne angezogen werden; der Strahlengang wird so verbogen, dass es für uns so ausschaut, als würden die Sterne von der Sonne abrücken. Bei der Sonnenfinsternis 1919 wurde dieser Effekt gemessen – als Bestätigung der Theorie von Einstein.

Als wir am 1. Tag über die Masse sprachen, haben wir stillschweigend zwei verschiedene Eigenschaften der Masse verwendet. Einmal haben wir die Eigenschaft kennengelernt, dass sich Massen gegenseitig anziehen. Die Masse mit dieser Eigenschaft nannten wir sinnigerweise schwere Masse. Die andere Eigenschaft ist die, dass sich eine Masse jeglicher Änderung ihres Bewegungszustandes widersetzt. Wenn sich ein Körper in Ruhe oder in gleichförmiger Bewegung befindet - d.h. sich mit konstanter Geschwindigkeit bewegt - dann müssen wir eine Kraft aufbringen, um diesen Zustand zu ändern, also den Körper entweder beschleunigen oder verzögern. Der Körper ist träge, oder der Körper hat sogenannte träge Masse. Dass die beiden Massen gleich sind wurde 1909 von *Lorand Eötvös (1848 – 1919)* in Budapest experimentell gezeigt.

Dass dies nun zwei Eigenschaften ein und derselben Masse sind, ist nicht selbstverständlich. Es könnte genauso gut sein, dass der Körper sowohl eine schwere Masse hat, die auf die Anziehungskraft einer anderen schweren Masse reagiert, als auch eine träge Masse, die sich einer Geschwindigkeitsänderung widersetzt. Beim Elektron haben wir ja schon gesehen, dass es sowohl träge Masse als auch Ladung hat. Die träge Masse widersetzt sich einer Geschwindigkeitsänderung, und die

Ladung macht sich im elektrischen Feld bemerkbar. Das sind zwei völlig verschiedene Sachen. Es gibt sowohl Körper mit träger Masse aber ohne Ladung, als auch Körper mit viel Ladung aber wenig Masse. Ganz ohne Masse aber mit Ladung gibt es merkwürdigerweise nicht, aber das Verhältnis zwischen Masse und Ladung kann sehr unterschiedlich sein.

Bei der trägen und schweren Masse ist das anders. Da ist das Verhältnis immer gleich. Man braucht daher nur die Kraft entsprechend zu eichen, d.h. an Hand der Ausdehnung einer Feder die Kraftgröße zu definieren, um die beiden Massen gleichzusetzen.

D.h. träge Masse ist gleich schwerer Masse. Warum das so ist, versteht die klassische Physik nicht. In der Relativitätstheorie formuliert man diese Gleichheit mit der Aussage, es handele sich um ein und dieselbe Masse, die diese beiden Eigenschaften hat. Das ist das sogenannte Äquivalenzprinzip der Relativitätstheorie.

Das bedeutet u.a. auch, dass wir nicht unterscheiden können, ob wir uns in einem Schwerefeld einer großen Masse befinden, oder ob wir uns weit weg von schweren Massen in einer Rakete befinden, die dauernd beschleunigt wird. Beides wirkt sich auf uns so aus, dass wir zu Boden gedrückt werden, entweder durch die Schwerkraft oder durch die Beschleunigung. Auch das drückt eine Relativität aus. Es gibt kein Experiment, mit dem wir feststellen könnten, ob es sich um die Gravitation handelt, oder ob es sich um eine Beschleunigung handelt, der wir ausgesetzt sind - es sei denn, wir schauen durch die

Raketenluken ins Weltall hinaus. Aber das gilt nicht; übrigens könnten wir auch dann nicht feststellen, ob die ganze Umgebung, die wir sehen, dem Schwerefeld unterliegt oder ob sie mit uns beschleunigt wird.

Mit Hilfe des Gedankens aus der allgemeinen Relativitätstheorie können wir auch in der Newtonschen Physik die Gleichheit von träger Masse und schwerer Masse plausibel machen.

Die Beschleunigung $\frac{d^2}{dt^2}x$ ist eine Größe, die mit geometrischen Begriffen, Abstand und Zeit, gemessen werden kann wie die Geschwindigkeit $\frac{d}{dt}x$. Die Kraft K ist ein weiterführender Begriff, der mit Federn o.ä. gemessen werden kann, oder mit Hilfe des Begriffes der Masse auf Beschleunigung zurückgeführt wird.

Um nun die Kraft direkt auf geometrische Begriffe zurückzuführen, lassen wir uns zunächst von der Newtonschen Beziehung leiten,

$$\frac{d^2}{dt^2}x + \frac{d}{dx}\varphi = 0$$

mit dem Potential φ, das die Kraft K definiert.

Diese Beziehung ist die Geodäte im dreidimensionalen Raum. Im Inertialsystem ist die Geodäte

$$\frac{d^2}{dt^2}x = 0$$

eine Gerade, also die kürzeste Verbindung zwischen zwei Punkten im euklidischen dreidimensionalen Raum, z. B. in einem System fern ab von jeglicher Kraft, also $\varphi = 0$. Davon kann man sich leicht überzeugen durch zweimalige Integration. Aber auch in einem System im freien Fall im Riemannschen Raum mit gekrümmten Koordinaten, wo $\varphi \neq 0$ ist, ist diese Beschleunigung eine Geodäte. Der Ausdruck sieht im Riemannschen Raum nur etwas anders aus. Im Inertialsystem ist also die Beschleunigung $b_0 = 0$.

Wenn nun diese Bewegung behindert wird durch eine Beschleunigung $b \neq 0$, wie z.B. in einer rotierenden Bewegung oder im schon berühmten Aufzug, der fernab aller Gravitationskräfte mit einer Beschleunigung b nach oben gezogen wird, dann ist die Differenz $b_0 - b$ das, was wir als Kraft K verspüren, im Falle der rotierenden Bewegung als Fliehkraft, aber auch im Aufzug, der auf der Erdoberfläche steht. Da ist

$$b_0 = \frac{d^2}{dt^2} x + \frac{d}{dx} \varphi = 0 \quad \text{mit} \quad \frac{d}{dx} \varphi = g \quad \text{und} \quad b = -g$$

Dann ist $b_0 - b = g$ das, was wir als Schwerkraft verspüren.

Im Riemannschen vierdimensionalen Raum-Zeit-Kontinuum haben wir entsprechend folgende Situation: Wenn wir auf der Erdoberfläche stehen, ist die dreidimensionale Beschleunigung $\frac{d^2}{ds^2}(x, y, z) = 0$ und nur $\frac{d^2}{ds^2} t \neq 0$ im Ausdruck für die vierdimensionale Beschleunigung (den ich hier nicht hingeschrieben habe, der aber dem Ausdruck b_0 entspricht).

Hier sehen wir, dass die Masse m nur ein Proportionalitätsfaktor zwischen der Kraft K und der geometrischen Größe $b_0 - b$ in der Newtonschen Physik ist,

$$K = m \times (b_0 - b)$$

und wir sehen, wie die Unterscheidung zwischen träger und schwerer Masse verschwindet.

Dieses Äquivalenzprinzip ist einer der Grundpfeiler der Allgemeinen Relativitätstheorie. Man hat die Relativitätstheorie in zwei Teile aufgeteilt. Der erste Teil ist die Spezielle Relativitätstheorie, die sich nur mit gleichförmiger Bewegung beschäftigt; der zweite Teil ist die Allgemeine Relativitätstheorie, die sich auch mit Beschleunigungen und Kräften beschäftigt.

4. Die Kraft

In der Vorstellung über die Kräfte hat sich auch - wie beim Elektron - im Laufe der Geschichte ein Wandel vollzogen.

Newton stellte sich noch die Kraft - Gravitationskraft - vor wie etwas, das augenblicklich über große Entfernungen hin wirkt z. B. zwischen Erde und Mond. Da das mit der Relativitätstheorie nicht vereinbar war, entwickelte man die Vorstellung von einem Gravitationsfeld um jede Masse, das die Kraft mit Lichtgeschwindigkeit überträgt. Erst die Quantentheorie entwickelte die Vorstellung vom Austausch von Teilchen als Kraft.

Die Kräfte - z. B. Gravitation und elektrostatische Kräfte - werden durch den Austausch von Teilchen erklärt. Das klingt sonderbar, aber es funktioniert.

Stellen wir uns zwei Ruderboote nebeneinander vor mit je einer Person. Die beiden Skipper fangen nun an, sich große schwere Backsteine zuzuwerfen. Einer wirft, der andere fängt auf. Dann wirft der zweite, und der erste fängt auf. So geht das weiter. In jedem Boot bleiben im Mittel immer gleich viele Backsteine - eigentlich braucht man ja nur einen Backstein, der immer hin und her geworfen wird. Die beiden Boote tauschen Backsteine aus. Was passiert? Nun, die beiden Boote fangen an auseinanderzutreiben. Jedes Mal, wenn ein Backstein von einem Boot zum anderen fliegt, bringt er auch einen Impuls mit, der von einem Boot zum anderen transportiert wird. D.h. der Austausch von Backsteinen durch das Werfen wirkt wie eine abstoßende Kraft.

Anders sieht es aus, wenn die beiden Skipper sich nicht die Backsteine zuwerfen, sondern jeder mit einem langen Arm einen Backstein aus dem anderen Boot zu sich herüberholt. Was passiert dann? Nun, die beiden Boote bleiben zusammen oder treiben zueinander, wenn noch ein Abstand zwischen ihnen vorhanden war. Jedes Mal, wenn ein Backstein von einem der Skipper aus dem anderen Boot geholt wird, zieht er sein Boot an das andere heran, indem er den Backstein vom anderen Boot zu sich heranzieht - auch Impulsaustausch! D.h. in diesem Fall wirkt der Austausch von Backsteinen wie eine anziehende Kraft.

So kann also tatsächlich der Austausch von Teilchen mit Masse wie eine Kraft wirken, je nachdem, wie das geschieht, als abstoßende oder anziehende Kraft.

Die elektrostatischen Kräfte zwischen Elektronen und Positronen - überhaupt zwischen geladenen Teilchen - werden durch den Austausch von Photonen, Lichtquanten, verursacht. Dabei gilt das gleichermaßen für die Abstoßung zwischen gleichnamigen Ladungen, also zwischen Positronen untereinander und zwischen Elektronen untereinander, wie für die Anziehung zwischen ungleichnamigen Ladungen, also zwischen Elektronen und Positronen. Das Photon schafft es, durch den Austausch eine Kraft zu erzeugen, obwohl es keine Ruhemasse hat; es hat jedoch eine relativistische Masse. Auch hier sehen wir, wie die drei Teilchenarten, Elektronen, Positronen und Photonen gemeinsam auftreten.

Auch die Gravitationskraft stellt man sich vor als einen Austausch von Teilchen. Diese hypothetischen Teilchen heißen natürlich Gravitonen. Sie sollen wie die Photonen die Ruhemasse Null haben. Da sie aber mit Lichtgeschwindigkeit fliegen sollen, müssten sie auch eine relativistische Masse haben, mit der sie die Kraft - in diesem Falle die Anziehungskraft zwischen Massen - übertragen können.

Die Gravitonen bestehen bis jetzt nur in der Theorie, gefunden hat sie noch niemand. Aber es wird eifrig gesucht.

Bei manchen - vielleicht sogar bei vielen - Naturgesetzen hat man das Gefühl, sie sind mehr oder weniger willkürlich entstanden.

Nehmen wir als Beispiel den berühmten Energieerhaltungssatz. Man hat eine Größe definiert durch das Produkt aus der Masse und dem Quadrat der Geschwindigkeit oder aus einer Strecke und einer Kraft und nennt dies dann Energie. Und dann behaupten die Physiker, dass gerade diese Größe konstant bleibt. Über die genaue Formulierung wollen wir uns nicht streiten, die haben wir zur Genüge in der Schule gelernt - ob man es wirklich verstanden hat, sei dahingestellt. Aber man hat sich daran gewöhnt.

Wie kommt man nun gerade auf diese Größe? Etwas Ähnliches haben wir beim Impuls, den wir am 2. Tag bei den Billardkugeln kennengelernt haben. Auch hierfür, für das Produkt aus der Masse und der Geschwindigkeit, gibt es einen Erhaltungssatz. Ebenso für den Drehimpuls. Für den Laien ist das verwirrend. Der Physiker hat sich daran gewöhnt. Aber ganz zufrieden ist auch der Physiker nicht damit. Er sucht immer noch die höhere Warte, allgemeinere Prinzipien, aus denen dann diese Sätze folgen.

5. Symmetrien

Allgemeine Prinzipien sind oft umso einsichtiger, je allgemeiner sie sind. Solche einsichtigen Prinzipien sind z.B. die Symmetrien in der Natur. Wenn es gelingt, aus solch einsichtigen Prinzipien die

Erscheinungen in der Natur zu beschreiben, ist für unser Verständnis sehr viel gewonnen.

Nun zeigt sich tatsächlich, dass es zwischen den Symmetrien und den Erhaltungssätzen einen tiefen Zusammenhang gibt.

Die Symmetrien spielen in der Natur offensichtlich eine fundamentale Rolle. Eine Symmetrie, die uns selbstverständlich erscheint, ist die Symmetrie gegenüber der Zeit, oder Invarianz gegen eine Zeitverschiebung. Man spricht auch von der Homogenität der Zeit. Das heißt nichts anderes, als dass die Natur sich heute genauso benimmt, wie sie sich gestern benommen hat. Die Pyramidenbauer mussten gegen dieselbe Schwerkraft ankämpfen wie heutige Architekten. Es zeigt sich, dass der Energieerhaltungssatz eine Folge dieser Invarianz der Physik gegenüber zeitlichen Verschiebungen ist.

Eine weitere selbstverständlich erscheinende Symmetrie ist die Homogenität des Raumes, bzw. die Invarianz gegenüber räumlichen Verschiebungen. Das bedeutet nichts anderes, als dass die Natur sich beim Nachbarn genauso benimmt wie bei uns. Es zeigt sich, dass der Impulserhaltungssatz eine Folge der Invarianz der Physik gegenüber räumlichen Verschiebungen ist.

Beide Symmetrien, die Homogenität der Zeit und die des Raumes scheinen uns direkt einleuchtend und selbstverständlich. Man stelle sich sonst die Unsicherheit vor, wenn der PC beim Händler fehlerfrei laufen würde, bei uns zu Hause aber nicht. Außerdem würde die Funktionsfähigkeit vom Wochentag abhängig sein. Dass das im täglichen Leben manchmal tatsächlich so zu sein scheint, hat andere Gründe – aber auch hier weiß man meistens nicht warum.

Aus einer dritten Symmetrie, der Isotropie des Raumes, bzw. aus der Invarianz gegenüber Richtungsänderungen im Raum folgt der Drehimpulserhaltungssatz. Wenn keine äußeren Felder vorhanden sind, ist keine Richtung im Raum bevorzugt; d.h. im Kosmos gibt es keine Vorzugsrichtung. Nur lokal, z.B. innerhalb einer Galaxie, oder in unserem Sonnensystem oder auf der sich drehenden Erde gibt es Vorzugsrichtungen - auf der Erde die Nord-Süd-Richtung durch die Rotation. Das alles lässt sich bei Berechnungen, in denen der Drehimpuls vorkommt, mitberücksichtigen, wobei eben davon Gebrauch gemacht wird, dass es außerhalb dieser lokalen Vorzugsrichtung keine absolute Vorzugsrichtung gibt.

Dass man aus solch allgemeinen Prinzipien zu einer Naturbeschreibung gelangt, ist schon ein großer Fortschritt für ein tieferes Verständnis.

Merkwürdigerweise finden wir den Zusammenhang paarweise - Energie und Zeit, Impuls und Ort, Drehimpuls und Richtung - gerade bei den Paaren von Größen, für die die Heisenbergsche Unschärferelation gilt. Wir finden diesen Zusammenhang, wenn wir Ort und Zeit zu einer relativistischen Einheit zusammenfassen, und wenn wir parallel dazu die Größen, mit denen Impuls und Energie in der Quantenmechanik beschrieben werden, entsprechend zusammenfassen. Dann ergibt sich ein Formalismus, in dem alles wunderschön zusammenpasst.

Mit den physikalischen Gesetzen haben wir ja schon anfangs, heute am 8.Tag, vermutet, dass sie eher als Eigenschaften der Objekte zu sehen sind. Damit hängt auch die philosophische Frage zusammen, wann diese Gesetze erschaffen wurden. Sind sie zusammen mit der Materie im Urknall vor 13 Milliarden Jahren entstanden, oder waren sie vorher da und haben den Urknall gesteuert. Das hängt auch mit der Frage zusammen, wie wir die Natur beschreiben. Wir haben, um die Natur zu beschreiben, nur unsere Begriffswelt zu Verfügung. Vielleicht haben wir selbst die Naturgesetze erfunden, weil wir gesehen haben, dass wir das, was uns erscheint, damit gut beschreiben können.

6. Krümmung des Raumes

So tritt auch die Frage auf, was es auf sich hat mit der Krümmung des Raumes, die wir kurz am 4. Tag bei der Gravitation erwähnt haben. Wenn wir von gekrümmten, verbogenen Räumen sprechen, dann drängt sich vor allem die Frage auf, was wird denn da verbogen. Woraus besteht der Raum, der sich so verbiegen lässt. Ich vermute, der Raum wird nicht verbogen. Der Raum selbst ist das unendliche Nichts, es besteht aus nichts. Wir selbst legen die Koordinaten in den Raum, schaffen so zunächst den Euklidischen Raum, und verbiegen dann die Koordinaten und schaffen den Gaußschen Raum und den Riemannschen Raum – je nachdem, wie wir es für zweckmäßig halten.

Der Raum ist das, was wir mit unserem Zollstock messen. Wir legen selbst die Koordinatensysteme in den Raum, so dass unsere

Vorstellung von den physikalischen Vorgängen weitgehend mit der von uns empfundene Wirklichkeit übereinstimmt, so wie wir auf der Erdoberfläche das Koordinatensystem von Länge und Breite ausbreiten – nicht, weil der Raum gekrümmt ist, sondern weil die physikalische Oberfläche der Erdkugel gekrümmt ist.

Unsere Welt, der Raum, ist nicht dreidimensional. Aber das Kartesische dreidimensionale Koordinatensystem mit der vierten unabhängigen Koordinate, der Zeit, eignet sich hervorragend, um unsere Welt in mäßigen Bereichen, Ausdehnungen nicht zu groß und nicht zu klein, Geschwindigkeiten nicht zu groß, zu beschreiben.

Ebenso eignen sich die dreidimensionalen Polarkoordinaten für unsere Orientierung auf der Erdoberfläche. Kartesische Koordinaten wären auch brauchbar, jedoch schwierig zu handhaben. Deshalb verwenden wir Polarkoordinaten. Die beiden Koordinatensysteme lassen sich leicht ineinander transformieren.

Wenn wir mit höheren Geschwindigkeiten konfrontiert werden, ist es zweckmäßig, die Zeit als vierte Dimension in das System der drei Raumkoordinaten zu integrieren, so wie die Spezielle Relativitätstheorie uns das zeigt.

Wenn wir es mit sehr kleinen Dimensionen zu tun haben, im atomaren Bereich, müssen wir andere „Koordinaten" verwenden. Die Begriffe aus unserem mesoskaligen Bereich verlieren ihren Sinn, Lage und Geschwindigkeit z.B.

In beiden Fällen, im relativistischen und im quantenmechanischen Bereich, können wir die Welt mit unseren täglichen Begriffen aus unserem mesoskaligen Bereich nicht richtig beschreiben.

So ist der Raum in unserem Universum – das sonst leere und dimensionslose Nichts, das wir Raum nennen – gefüllt mit elektromagnetischen Feldern und mit Gravitationsfeldern, nach denen sich die Bahnen von Photonen und von Planeten richten – und diese Bahnen lassen sich am besten beschreiben durch gekrümmte Koordinaten, Koordinaten, die wir in den Raum bringen – und dann kurz sagen, der Raum sei gekrümmt.

Auf die Frage, wie viele Dimensionen hat nun der Raum, lautet die Antwort: So viele wie wir wollen. Damit wird jedoch die Vorstellung, Gravitation und Beschleunigung gemeinsam als Verbiegung der Raum-Zeit zu einer reinen Beschreibung, beide lassen sich mit der Krümmung der Raum-Zeit beschreiben – nicht erklären.

Es sieht so aus, als würden wir bei jedem Versuch, etwas zu erklären, nur neue Beschreibungen erfinden, und die als Erklärung ansehen – so wie ich meinen Schülern in der Realschule die Gravitation beschrieben habe:

Das einzige, was wir wissen, ist, dass die Tasse zu Boden fällt, wenn wir sie loslassen.

7. Der Sternenhimmel

Schauen wir nachts in den Sternenhimmel, sehen wir eine schier unendliche Vielzahl an Sternen, die je nach Art und Entfernung unterschiedlich leuchten, sogar in den unterschiedlichsten Farben leuchten. Wir sehen auch, dass der Himmel einigermaßen gleichmäßig übersäht ist mit Sternen. Freilich sehen wir das helle Band der Milchstraße den Himmel überziehen. Aber es gibt keine größeren Stellen, wo keine Sterne stehen. All das sehen wir schon mit dem bloßen Auge. Auch sehen wir an einer Stelle etwas, das eher wie ein leuchtender Nebel aussieht, ganz schwach und klein.

Nehmen wir ein Teleskop zur Hilfe, eröffnet sich eine weitere Welt am nächtlichen Himmel. Das helle Band der Milchstraße erweist sich als eine Ansammlung von Abermilliarden weiteren Sternen, die alle zu der Galaxie gehören, der unsere Sonne als kleiner Stern auch angehört. Der leuchtende Nebel von vorhin, der Andromeda Nebel im Sternbild der Andromeda erweist sich als eine Galaxie von derselben Größe wie unsere eigene Milchstraße. Für die Bewohner auf der Südhalbkugel erscheinen zwei weitere Nebel, die Magellanschen Wolken, die ebenfalls sich als Galaxien erweisen mit Milliarden von Sternen. Diese Galaxien erscheinen uns nur als schwache Nebel, weil sie so weit entfernt sind. Die Sterne in unserer Galaxie, der Milchstraße, sind bis zu 100 Tausend Lichtjahren (LJ) entfernt[1]. Die nächsten Sterne in unserer Nachbarschaft sind immerhin etliche Lichtjahre entfernt,

---

[1] *1 Lichtjahr (LJ) ist die Strecke, die das Licht in einem Jahr zurücklegt, ungefähr 10^{16} m (9,5 Billionen Kilometer).*

Alpha Centauri im Sternbild Zentaur 4,3 LJ, Sirius im Großen Hund 8,6 LJ. Der Polarstern, um den sich das ganze Firmament dreht, ist 431 LJ von uns entfernt. Wesentlich weiter entfernt sind die beiden vorhin erwähnten Galaxien, die Magellanschen Wolken 180 Tausend LJ bzw. 190 Tausend LJ, und der Andromeda Nebel sogar 2,5 Millionen LJ.

Mit einem stärkeren Teleskop können wir noch weiter in den Weltraum hinausdringen. Wir sehen dann, dass es noch weiter unzählige Galaxien gibt, die mehr oder wenig unregelmäßig über den Himmel verstreut sind, viele Milliarden, jede mit vielen Milliarden Sternen, und in Entfernungen von uns bis vielen Milliarden Lichtjahren. Wir erkennen kein Ende und wir erkennen keinen Unterschied in der Verteilung der Galaxien unabhängig davon, in welche Richtung wir schauen. Die Verteilung ist isotrop.

Das führt uns zu dem Begriff des kosmologischen Prinzips. Aufgrund der Isotropie und der Endlosigkeit der Verteilung erkennt man, dass man dieselbe Ansicht des Himmels hätte, wenn wir uns auf irgendeiner anderen Galaxie im All befänden. Wir können also davon ausgehen, dass wir hier auf Erden keinen bevorzugten Standort haben, wir befinden uns nicht etwa im Zentrum des Universums. Das ist das kosmologische Prinzip:

Die Erde hat keinen privilegierten Platz im Kosmos.

Wie ist das nun alles entstanden? Mit dieser Frage hat sich die Menschheit seit eh und je beschäftigt. Es sind Mythen und Sagen über die Vorstellung von der Entstehung der Welt entstanden. Jede einzelne Erzählung der Völker enthält vielleicht ein Körnchen der gesamten Wahrheit. Vielleicht liegt hier auch eine Version der Komplementarität vor. Die gesamte Wahrheit werden wir nie erfassen können.

Das Nichts ist das einzige, das unendlich sein kann. Deshalb vermuten wir, dass es ein unermessliches Nichts gibt, in dem es ab und zu funkt. Die Funken versprühen milliardenfach, verglühen und verschwinden im Nichts. Jeder einzelne Funke ist ein ganzes Universum mit Galaxien, Sternen, Planeten und Kometen, die sich im Laufe ihres Lebens entwickeln und vergehen. Warum es im Nichts funkt, wissen wir nicht, aber das Aufblitzen ist für uns ein Urknall, und die versprühten Funken bilden für uns den ganzen Kosmos, ein winziger Blitz, ein Funken versprühter Galaxien im unendlichen Nichts, im endlosen dunklen Nichts. Manche von diesen Explosionen aus dem Nichts erzeugten Universen, die länger lebten, manche Universen verschwanden schneller. Sie bekamen sicher auch unterschiedliche Eigenschaften mit auf ihrem Weg. Wie viele es sind und waren, und wie viele es noch werden, wissen wir nicht. In einem davon waren die Eigenschaften zufällig so, dass es so lange erhalten bleiben konnte, dass sich Leben entwickeln konnte, dass sich Bewusstsein entwickeln konnte, dass sich Wesen entwickeln konnten, die versuchen, das alles zu verstehen.

So ist auch das einzige, das ewig dauert, die Nichtexistenz. Die dreizehn Milliarden Jahre, die seit der Entstehung des Alls, unseres Universums, vergangen sind, sind vermutlich nur ein verschwindend kleiner Teil der Ewigkeit vor unserer Existenz. Und nach unserem Tod ist die Nichtexistenz wieder Ewigkeit. Wir existieren nur einen Augenblick zwischen zwei Ewigkeiten[2].

> *Als ich ihn fragte,*
> *„was ist das Nichts“,*
> *bekam ich die Antwort:*
> *„nichts“.*

---

[2] *Alan Watts, Zeit zu leben*

Anhang A1, EPR-Experiment, Bellsche Ungleichung.

Nachdem wir uns mit der Polarisation des Lichtes auseinandergesetzt haben, wollen wir uns nochmals etwas genauer mit dem EPR-Experiment (5.Tag) beschäftigen.

Die gleichzeitige Registrierung der beiden Photonen aus dem Positroniumzerfall - sogenannte Koinzidenzmessung – ist nur eine von mehreren Möglichkeiten, Koinzidenzen zu messen. Die angeregten Quecksilberatome in einer Quecksilberlampe emittieren auch glcichzcitig cin „grüncs" Photon (Wcllcnlängc 546 nm) und cin „blaues" Photon (436 nm), d.h. fast gleichzeitig, aber so schnell hintereinander, dass die beiden Photonen korreliert, verschränkt sind. Ebenso emittieren angeregte Calciumatome kurz hintereinander zwei Photonen, zuerst ein „grünes" Photon (551 nm), dann ein „blaues" Photon (423 nm). Die beiden Photonen aus dem Calciumatom sind ebenfalls verschränkt.

Nun bauen wir wieder unsere EPR-Apparatur auf. Die beiden Photonen, ein blaues und ein grünes, die diametral auseinanderfliegen, werden jeweils hinter einem Polarisationsfilter registriert (Abb.A1.1). Die Polarisationsfilter können wir beliebig drehen, so dass wir die Polarisationsrichtungen der beiden Photonen messen können. Die Koinzidenzstufe ist ein Gerät, das nur Impulse aus den Detektoren registriert, die gleichzeitig ankommen. Damit vermeidet man, dass auch Photonen registriert werden, die von verschiedenen Photonenpaaren stammen.

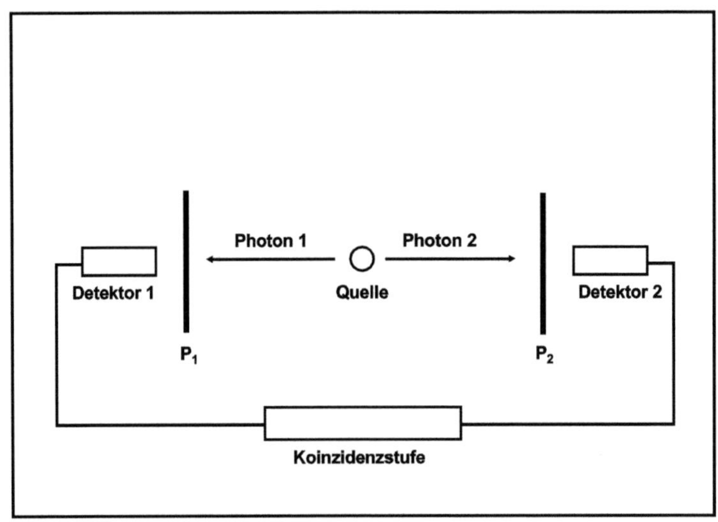

Abb.A1.1. Das EPR-Experiment.

Die Quelle in der Mitte sendet diametral zwei Photonen aus, die nach links (Photon 1) und nach rechts (Photon 2) fliegen. Sie treffen auf die Polarisationsfilter P_1 bzw. P_2. Wenn sie von den Filtern durchgelassen werden, werden sie in den Detektoren (1 und 2) registriert. Wenn die Photonen nicht durchgelassen d.h. absorbiert werden, registriert der entsprechende Detektor nichts. Die Koinzidenzstufe sorgt dafür, dass nur zusammengehörige Photonen registriert werden.

1. Bellsche Ungleichung.

Bevor wir nun mit dem Experiment fortfahren, wollen wir uns einem Satz aus der Mengenlehre zuwenden, ein Satz, mit dem *John S. Bell (1928 – 1990)* 1964 zeigte, dass die Quantenmechanik eine nichtlokale und nichtreale Theorie ist. Was das bedeutet, wird etwas später genauer erläutert.

Dieser Satz aus der Mengenlehre ist nahezu trivial, etwas schwieriger ist es, ihn auf die Messergebnisse des EPR-Experimentes anzuwenden.

Wir betrachten eine Menge von Mitarbeitern einer Firma. Diese Mitarbeiter sind mehr oder weniger sprachbegabt. Einige sprechen deutsch, einige englisch und einige französisch. Manche sprechen zwei dieser Sprachen und einige sogar alle drei Sprachen. Die verschiedenen Teilmengen veranschaulichen wir durch Kreise, die sich teilweise überlappen (Abb.A1.2).

Dann lautet der Satz, wie in Abb.A1.3 veranschaulicht:

Die Anzahl der Mitarbeiter, die sowohl englisch als auch deutsch sprechen, ist immer kleiner oder höchstens gleich der Summe der Mitarbeiter, die sowohl englisch als auch französisch sprechen, und der Mitarbeiter, die deutsch aber nicht französisch sprechen. In der Sprache der Mengenlehre heißt das: Die Schnittmenge von e (steht für englisch sprechende Mitarbeiter) mit der Menge d ist enthalten in der Schnittmenge von e und f vereinigt mit der Schnittmenge von d und nicht-f. Das ist nun die Bellsche Ungleichung, die in Anzahl der

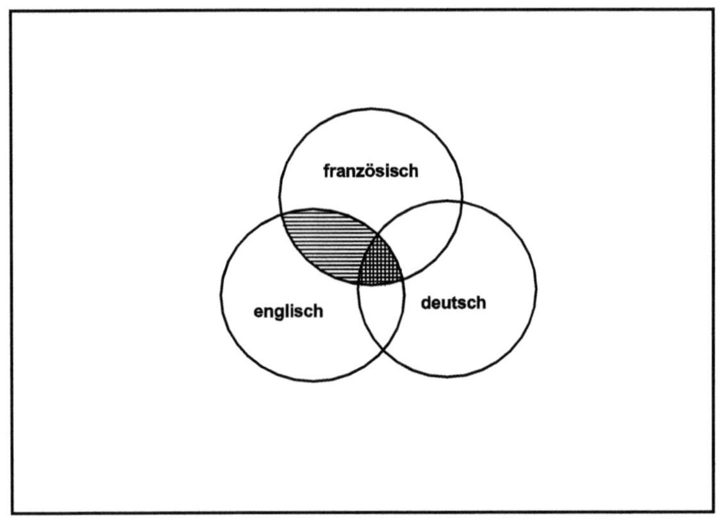

Abb.A1.2. Menge der Mitarbeiter.

In den Kreisen sind die Mitarbeiter zusammengefasst, die englisch, deutsch bzw. französisch sprechen. Wo sich Kreise überlappen (schraffierte Fläche) befinden sich die mehrsprachigen Mitarbeiter, hier die waagrecht schraffierte Fläche mit den französisch und englisch sprechenden Mitarbeitern und die waagrecht und senkrecht schraffierte Fläche in der Mitte mit den Mitarbeitern, die alle drei Sprachen beherrschen.

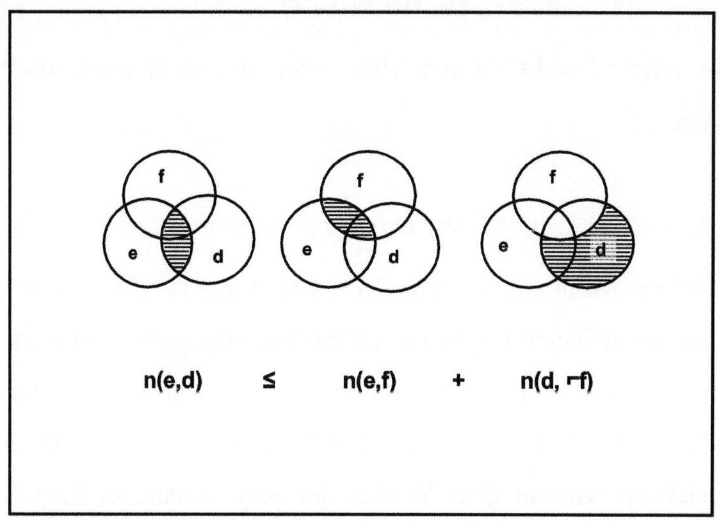

Abb.A1.3. Bellsche Ungleichung.

Die Anzahl der Mitarbeiter, die sowohl englisch (e) als auch deutsch (d) sprechen (links), ist immer kleiner oder höchstens gleich der Summe der Mitarbeiter, die sowohl englisch (e) als auch französisch (f) sprechen (in der Mitte) und der Mitarbeiter, die deutsch (d) aber nicht französisch (⌐f) sprechen (rechts).

entsprechenden Mitarbeiter lautet:

$$n(e,d) \leq n(e,f) + n(d, \neg f) \tag{A1.1}$$

Nicht-f oder $\neg$f steht für die Mitarbeiter, die nicht französisch sprechen.

2. *Bellsche Ungleichung beim EPR-Experiment.*

Kehren wir nun zu unserem EPR-Experiment zurück (Abb.A1.1). Die Lichtquelle in der Mitte emittiert ein Photonenpaar, wovon das eine Photon nach links zum Polarisationsfilter P_1 fliegt und das andere nach rechts zum Polarisationsfilter P_2. Die Stellung der Polarisationsfilter kennzeichnen wir mit dem Winkel der Ausrichtung, α, β, γ... Wir führen nun für verschiedene Ausrichtungen der Polarisationsfilter eine bestimmte Anzahl, sagen wir N, von Versuchen durch. Ein Versuch heißt, ein Photonenpaar wird emittiert. Dabei registrieren wir, ob die Photonenpaare von den Polarisationsfiltern durchgelassen werden oder ob sie absorbiert werden. Dann bilden wir diese Ereignisse mit den Eigenschaften ab auf die Mitarbeiter in der Firma mit ihren Eigenschaften, die wir eben kennengelernt haben, und registrieren die Anzahl der jeweiligen Ereignisse. N Versuche bei einer bestimmten Kombination der Filterstellungen entsprechen dabei N Mitarbeiter der Firma. Damit erhalten wir die Bellsche Ungleichung für unser EPR-Experiment:

$$n(\alpha,\beta) <= n(\alpha,\gamma) + n(\beta, \neg\gamma) \tag{A1.2}$$

wobei

n(α,β) ... Anzahl der Photonenpaare, die durch beide Filter gehen in den Stellungen α und β.

n(α,γ) ... Anzahl der Photonenpaare, die durch beide Filter gehen in den Stellungen α und γ.

n(β, ¬γ)...Anzahl der Photonenpaare, von denen das eine Photon durch das Filter in der Stellung β geht, das andere Photon im anderen Filter bei der Stellung γ absorbiert wird.

n(α,β), z.B. entspricht also der Anzahl der Mitarbeiter, die sowohl englisch als auch deutsch sprechen, n(e,d). Die Eigenschaften der Ereignisse, das Registrieren der Photonenpaare, entsprechen also den sprachlichen Fähigkeiten der Mitarbeiter. Die Eigenschaft der Photonen, die Polarisation, spielt hier noch keine Rolle. Wir fragen lediglich danach, ob die Photonen die Filter passieren oder absorbiert werden; warum das so ist, spielt bei der Abbildung keine Rolle.

Nebenbei, natürlich können wir auch die Abbildung der Mitarbeiter mit nur einer Sprache auf die Registrierung der Photonenpaare tätigen. Die Mitarbeiter, die z.B. nur deutsch können, also n(d), oder etwas klobig ausgedrückt, die Mitarbeiter, die sowohl deutsch als auch deutsch sprechen, also n(d,d), entsprechen den Photonenpaaren n(β,β), welches die Anzahl der Photonenpaare ist, die durch beide Filter gehen bei gleicher Ausrichtung β, oder gleich der Anzahl der Photonen, die durch ein Filter mit der Ausrichtung β gehen. Damit ist auch die mengentheoretische Abbildung zwischen diesen beiden Mengen gerechtfertigt.

3. Das EPR-Experiment klassisch betrachtet.

Wir wollen uns nun mal auf den Standpunkt der klassischen Physik stellen und uns überlegen, was in unserem EPR-Experiment passieren könnte. Damit kommt jetzt erst die Eigenschaft der Photonen, die Polarisation, ins Spiel.

Um die Durchlässigkeit der Polarisationsfilter quantitativ fassen zu können, brauchen wir ein klein wenig aus der Mathematik der Winkelfunktionen, cos und sin - nicht mehr als das, was wir in der Schule gelernt haben. Das einzige, was wir wissen müssen, ist die Wahrscheinlichkeit dafür, dass ein polarisiertes Photon das Polarisationsfilter passiert, und die ist

$$p = \cos^2(\varphi) \tag{A1.3}$$

wobei φ der Winkel zwischen der Richtung der Polarisation des Photons und der Ausrichtung des Filters ist, d.h. wenn $\varphi = 0^0$ ist, geht das Photon durch das Filter, $\cos(0) = 1$ und $\cos^2(0) = 1$. Wenn $\varphi = 90^0$, dann wird das Photon im Filter absorbiert, $\cos(90) = 0$ und $\cos^2(90) = 0$. Für andere Winkel zwischen 0^0 und 90^0 liegt p zwischen 1 und 0.

Die Wahrscheinlichkeit, dass das Photon nicht durchgeht, also im Filter absorbiert wird, ist demnach

$$q = \sin^2(\varphi) \tag{A1.4}$$

wobei wir noch aus der Schulzeit wissen, dass

$$\sin^2(\varphi) + \cos^2(\varphi) = 1 \text{ ist und demnach } p + q = 1$$

wie es sein muss.

Nach der klassischen Vorstellung werden die beiden Photonen jeweils mit einer bestimmten Polarisation erzeugt. Wenn diese Polarisationsrichtung mit der Durchlassausrichtung der gleich ausgerichteten Filter den Winkel φ einschließt, so passiert also das eine Photon das Filter mit der Wahrscheinlichkeit $p = \cos^2(\varphi)$. Was gleichzeitig am anderen Filter passiert, sollte unabhängig davon sein; dort sollte das andere Photon mit der gleichen Wahrscheinlichkeit das Filter passieren. Es sollte also durchaus gelegentlich vorkommen, dass eines der Photonen sein Filter passiert, das andere aber nicht, wenn φ irgendein Winkel zwischen 0^0 und 90^0 ist, d.h. $p < 1$ und $q > 0$.

Und das widerspricht dem experimentellen Befund. Es kommen immer entweder beide Photonen durch oder keines.

Da dies für jede Winkelstellung gilt, solange die beiden Polarisationsfilter gleich ausgerichtet sind, führt uns das zu der Erkenntnis, dass die Polarisation zunächst unbestimmt ist, denn sonst würden die Photonen unabhängig voneinander mit der Wahrscheinlichkeit p durch die Filter gehen. D.h. erst nachdem ein Photon das Filter passiert hat, ist seine Polarisation bestimmt - übereinstimmend mit der Ausrichtung des Filters – und damit liegt auch die Polarisation des anderen Photons fest, übereinstimmend mit der Polarisation des ersten Photons.

Das Paradoxe dabei ist, dass für beide Photonen aufgrund ihrer räumlichen Trennung keine „Verabredungsmöglichkeit" besteht. Nach der quantentheoretischen Interpretation hat keines der beiden Photonen ursprünglich eine festgelegte Polarisation, dennoch verhalten sie sich immer gleich.

Auch wenn die beiden Polarisationsfilter sehr weit auseinander liegen - es können auch Lichtjahre sein - richtet sich das zweite Photon sofort nach dem ersten Photon. Das ist gemeint, wenn man davon spricht, dass die Quantentheorie eine nichtlokale Theorie ist.

Die Lokalität ist eine typische Eigenschaft der klassischen Physik. Die besagt, dass bei räumlich weit getrennten Objekten eine Messung an dem einen Objekt sich nicht augenblicklich auf das andere Objekt auswirkt. Zum Unterschied von der klassischen Physik ist die Quantentheorie eine nichtlokale Theorie. Allerdings hatte Newton in seiner Gravitationstheorie mit der Lokalität Schwierigkeiten, denn der gravitative Einfluss der Himmelskörper aufeinander wurde als instantan angesehen, d.h. nichtlokal. Deshalb wurde das Gravitationsfeld eingeführt, das ist das Kraftfeld, das jeden schweren Körper umgibt und in dem ein zweiter Körper lokal der Kraft ausgesetzt ist.

Mit der Nichtlokalität der Quantentheorie lässt sich aber keine Information übertragen. Die Relativitätstheorie erlaubt auch keine Informationsübertragung, die schneller als das Licht ist, und es sieht ja zunächst so aus, als könnte man mit den Filterstellungen Informationen augenblicklich übertragen, auch wenn sich die Beobachter an den Filtern sehr weit auseinander befinden. Aber wenn der Beobachter B ein Photon hinter seinem Filter P_2 beobachtet, so weiß er trotzdem nicht, ob es daran liegt, dass der Beobachter A sein Filter P_1 parallel zu B's Filter P_2 ausgerichtet hat und A ebenfalls ein Photon misst, oder ob A sein Filter senkrecht zu B's Filter ausgerichtet hat und deshalb kein Photon misst.

Wir wollen uns jetzt mit der Bellschen Ungleichung beschäftigen und sehen, welche Aussagen aus ihr folgen, einmal bei einer klassischen Betrachtung des EPR-Experimentes und dann bei der quantentheoretischen Betrachtung.

Im klassischen Fall sendet die Lichtquelle ein Photonenpaar aus mit einer Polarisationsrichtung δ. Wenn der Winkel der Ausrichtung der Polarisationsfilter α beträgt, dann ist die Wahrscheinlichkeit, dass das Photon durch das Filter geht, nach (A1.3)

$$p = \cos^2(\alpha-\delta)$$

Die Wahrscheinlichkeit, dass das Photon im Filter absorbiert wird, ist nach (A1.4)

$$q = \sin^2(\alpha-\delta)$$

Daraus erhalten wir für die drei Ausdrücke in der Bellschen Ungleichung

$$n(\alpha,\beta) = N \cdot \cos^2(\alpha-\delta)\,\cos^2(\beta-\delta)$$

$$n(\alpha,\gamma) = N \cdot \cos^2(\alpha-\delta)\,\cos^2(\gamma-\delta)$$

$$n(\beta,\neg\gamma) = N \cdot \cos^2(\beta-\delta)\,\sin^2(\gamma-\delta)$$

Betrachten wir nun den Spezialfall $\alpha = 0^0$, $\beta = 30^0$, $\gamma = 60^0$ und $\delta = 0^0$, dann erhalten wir, wenn wir die Werte der entsprechenden

Winkelfunktionen in der Tabelle nachschlagen:

$$n(\alpha,\beta) = N \cdot \cos^2(0) \ \cos^2(30) = N \cdot 3/4$$

$$n(\alpha,\gamma) = N \cdot \cos^2(0) \ \cos^2(60) = N \cdot 1/4$$

$$n(\beta,\neg\gamma) = N \cdot \cos^2(30) \ \sin^2(60) = N \cdot 9/16$$

Wenn man keine Tabelle zur Hand hat, lassen sich die Werte aus dem Satz von Pythagoras leicht ableiten.

Die Bellsche Ungleichung lautet damit (N können wir wegkürzen):

$$3/4 \leq 1/4 + 9/16$$

$$\text{oder} \qquad 12/16 \leq 4/16 + 9/16 = 13/16$$

welches ja stimmt, d.h. die Bellsche Ungleichung ist erfüllt.

Streng genommen muss man im klassischen Falle die Ausdrücke $n(\alpha,\beta)$, $n(\alpha,\gamma)$ und $n(\beta,\neg\gamma)$ über alle möglichen Winkel δ integrieren, weil ja nicht nur Photonenpaare mit $\delta = 0^0$ emittiert werden, sondern auch alle anderen Winkel zwischen $\delta = 0^0$ und $\delta = 180^0$ vorkommen. Wenn man das mühsam durchrechnet, ergeben sich folgende Werte:

$$n(\alpha,\beta) = N \cdot 0{,}317$$

$$n(\alpha,\gamma) = N \cdot 0{,}189$$

$$n(\beta,\neg\gamma) = N \cdot 0{,}683$$

Die Bellsche Ungleichung lautet damit:

$$0{,}317 \leq 0{,}189 + 0{,}683 = 0{,}872$$

welches ebenfalls stimmt, d.h. die Bellsche Ungleichung ist auch bei dieser genaueren Rechnung erfüllt.

4. Das EPR-Experiment quantentheoretisch betrachtet.

Anders sieht es aus in der quantentheoretischen Betrachtung. Hier sendet die Lichtquelle auch ein Photonenpaar aus, aber die Polarisation der Photonen ist nicht definiert. Wenn das Photon links durch das Filter P_1 geht (Abb.A1.1), dann geht das Photon rechts ebenfalls durch das Filter P_2. Entweder gehen beide Photonen durch ihre Filter, oder sie werden beide absorbiert.

Dann werden die Ausdrücke in der Bellschen Ungleichung

$$n(\alpha,\beta) = N\cdot\cos^2(\alpha-\beta)$$

$$n(\alpha,\gamma) = N\cdot\cos^2(\alpha-\gamma)$$

$$n(\beta,\neg\gamma) = N\cdot\sin^2(\beta-\gamma)$$

Für den selben Spezialfall $(\alpha, \beta, \gamma) = (0^0, 30^0, 60^0)$ erhalten wir

$$n(\alpha,\beta) = N\cdot\cos^2(30) = N\cdot 3/4$$

$$n(\alpha,\gamma) = N\cdot\cos^2(60) = N\cdot 1/4$$

$$n(\beta,\neg\gamma) = N\cdot\sin^2(30) = N\cdot 1/4$$

d.h. die Bellsche Ungleichung lautet damit

$$3/4 \leq 1/4 + 1/4 = 2/4$$

welches offensichtlich nicht stimmt; die Bellsche Ungleichung ist verletzt.

Der erste Ausdruck in der Bellschen Ungleichung für den quantentheoretischen Fall ist auch die sogenannte Korrelationsfunktion, die Wahrscheinlichkeit, dass beide Photonen die Polarisationsfilter passieren, wenn der Winkel zwischen den Ausrichtungen der Filter θ beträgt,

$$p_k(\theta) = \cos^2(\theta)$$

Abb.A1.4 zeigt diese Korrelationsfunktion verglichen mit der klassischen Korrelationsfunktion, die man durch Integration über alle Polarisationsrichtungen erhält. Ebenfalls eingezeichnet ist eine hypothetische Korrelationsfunktion, die linear in θ ist, und die Korrelationsfunktion für unkorrelierte Photonen.

Die lineare Korrelationsfunktion ist fast gleich der quantentheoretischen Korrelationsfunktion. Wenn man die Bellsche Ungleichung für diesen Fall mit $(\alpha, \beta, \gamma) = (0^0, 30^0, 60^0)$ (aus der linearen Funktion in Abb.A1.4) testet,

$$n(\alpha,\beta) = 2/3$$
$$n(\alpha,\gamma) = 1/3$$
$$n(\beta,\neg\gamma) = 1/3$$

stellt man fest, dass

$$2/3 \leq 1/3 + 1/3$$

d.h. die Bellsche Ungleichung ist gerade erfüllt, es gilt das Gleichheitszeichen. Man sieht an den beiden Funktionen, dass die Korrelation im quantentheoretischen Fall etwas größer ist als im Fall der linearen Korrelation, wo die Bellsche Ungleichung gerade noch gilt. Wenn die Korrelationsfunktion im Bereich 0^0 bis 45^0 etwas größer als die lineare Funktion ist, also etwas näher an der quantentheoretischen Funktion liegt, dann wird die Bellsche Ungleichung für einige Winkelkombinationen verletzt. Analog gilt, wenn die Korrelationsfunktion im Bereich 45^0 bis 90^0 etwas kleiner als die lineare Funktion ist, also auch etwas näher an der quantentheoretischen Funktion liegt, dann wird die Bellsche Ungleichung auch hier für einige Winkelkombinationen verletzt.

Ein weiteres Kennzeichen einer Theorie ist die Realität. Eine physikalische Theorie bezeichnet man als real, wenn jede Messung nur eine Eigenschaft abliest, die auch ohne Messung vorliegt, wie zum Beispiel bei der klassischen Vorstellung die Polarisation des Photons. In diesem Sinne ist, wie wir gesehen haben, die Quantentheorie keine reale Theorie, welches sich mit der Vorstellung von N.Bohr deckt, nach der die Attribute (z.B. Polarisation) erst durch die Messung festgelegt werden.

Die Bellsche Ungleichung gilt in allen realen und lokalen Theorien, d.h. in der klassischen physikalischen Theorie. Sie gilt aber nicht in der Quantentheorie, da ist die Bellsche Ungleichung verletzt.

5. Zurück zur Firma.

Wir wollen nun zum Abschluss, um die Sache etwas anschaulicher zu machen, die Auswirkung der Nichtgültigkeit der Bellschen Ungleichung und die Korrelationsfunktion auf die Verteilung der Sprachen in der eingangs behandelten Firma betrachten, in der neben deutsch sprechenden Mitarbeitern sowohl englisch als auch französisch sprechende Mitarbeiter waren.

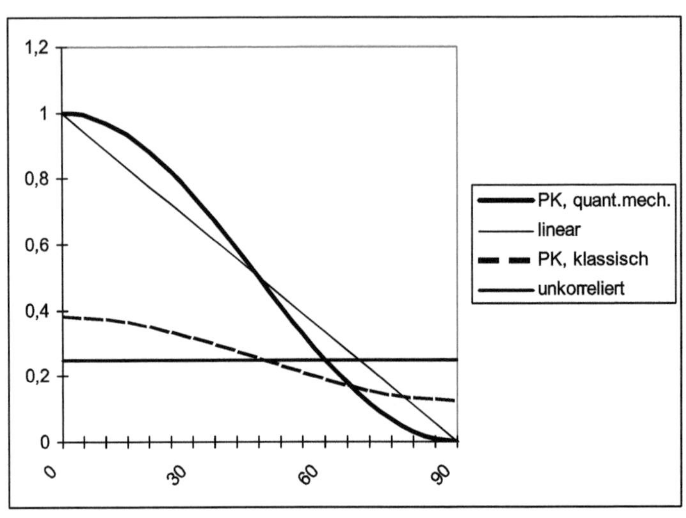

Abb.A1.4. Die Polarisationskorrelation.

Die Wahrscheinlichkeit, dass beide Photonen die Polarisationsfilter passieren, in Abhängigkeit vom Winkel zwischen den Ausrichtungen der beiden Filter.
Gezeigt ist die quantenmechanische Abhängigkeit, $\cos^2(\theta)$, (PK, quant. mech.), die hypothetische lineare Abhängigkeit, die klassische Abhängigkeit, PK-klassisch, und die Abhängigkeit, die unkorrelierte Photonen zeigen.

Wir hatten die Anzahl $n(\alpha, \beta)$ der Photonenpaare, bei denen die Photonen durch beide Filter gehen bei den Filterstellungen α und β, abgebildet auf die Anzahl $n(e, d)$ der Mitarbeiter, die sowohl englisch als auch deutsch sprechen. Analog haben wir die anderen Photonenpaare mit den entsprechenden Mitarbeitern in Beziehung gesetzt.

Damit hatten wir die Bellsche Ungleichung für die Mitarbeiter und für die Photonenpaare betrachtet und damit die Anzahl der Photonenpaare klassisch und quantenmechanisch untersucht. Wenn wir die Anzahl der Photonenpaare bei den Filterstellungen $\alpha = 0^0$, $\beta = 30^0$ und $\gamma = 60^0$ nun zurück übersetzen in die Anzahl der Mitarbeiter, so haben wir folgende Situation in der Firma:

Klassisch sprechen 31,7% der Mitarbeiter englisch und deutsch, aber quantenmechanisch sind es 75%.

D.h. der Firmenchef stellt an Hand der Personalakten fest (die klassische Methode), dass 31,7% seiner Mitarbeiter englisch und deutsch sprechen. Entsprechend entnimmt er aus den Personalakten, dass 18,9% seiner Mitarbeiter englisch und französisch sprechen, und 68,3% seiner Mitarbeiter sind die, die deutsch aber nicht französisch sprechen. Mit diesen Daten stimmt auch die Bellsche Ungleichung.

Wenn der Firmenchef aber jetzt in die Halle, wo alle seine Mitarbeiter beschäftigt sind, hinuntergeht und bei jedem einzelnen horcht, welche Sprache er spricht (das ist die quantenmechanische Methode), stellt er fest, dass 75% englisch und deutsch sprechen, 25% englisch und französisch sprechen und dass die Gruppe, die deutsch aber nicht französisch spricht, auch nur 25% ausmacht. D.h. das Experiment, die direkte Beobachtung stimmt nicht mit den Personalakten überein. Es sind erheblich mehr englisch- und deutschsprechende Mitarbeiter in der Halle als es nach den Personalakten sein sollte. Der erste Verdacht fällt natürlich auf Schwarzarbeit. Aber hinzu kommt auch noch, dass die Bellsche Ungleichung für die beobachteten Prozentsätze nicht stimmt – das klingt eher nach Harry Potter.

In der Korrelationsfunktion $PK(e, d)$ drückt sich das so aus

$$PK(e, d) = 0{,}317 \quad \text{klassisch}$$
$$= 0{,}75 \quad \text{quantenmechanisch}$$

d.h. die Korrelation zwischen englisch sprachigen und deutschsprachigen Mitarbeitern ist quantenmechanisch sehr viel höher als klassisch, d.h. wenn ich einen deutschsprachigen Mitarbeiter treffe, ist die Wahrscheinlichkeit, dass er auch englisch spricht quantenmechanisch höher als klassisch.

Noch etwas Merkwürdiges kommt hinzu, entweder spricht er sowohl Englisch als auch deutsch, oder er spricht keine der beiden Sprachen.

Sowohl die Polarisationskorrelation beim Winkel 0, $p_k(0) = 1$, als auch die Verletzung der Bellschen Ungleichung beim EPR-Experiment zeigen, dass die Quantentheorie eine nichtlokale und nichtreale Theorie ist.

EPR-Experimente wurden 1972 von *John F. Clauser (1942 -)* mit einer Quecksilberlampe als Quelle der beiden verschränkten Photonen und etwas später, 1982, von *Alain Aspect (1942 -)* mit den verschränkten Photonen aus der Emission von Calcium durchgeführt. Die experimentellen Ergebnisse bestätigen voll die Quantentheorie.

Anhang A2, Galilei- und Lorentz-Transformation.

Am 2.Tag haben wir über die Transformation von Koordinaten zwischen Systemen, die sich relativ zu einander bewegen, gesprochen. Als Beispiel hatten wir die Eisenbahn genommen, die mit 80 km/h an einem draußen stehenden Beobachter vorbeifährt. Im Waggon sitzt auch ein Beobachter, der den draußen stehenden Beobachter mit 80 km/h an sich vorbeirauschen sieht.

Wir stellen uns vor, der eine Beobachter steht auf dem Bahndamm und sieht den Zug vorbeifahren, von links nach rechts. Im Zugabteil sitzt der andere Beobachter, ein Physiker, der folgendes Experiment macht.

In der Mitte seines Abteils bringt er eine Lampe an, die einen Lichtimpuls nach vorne und gleichzeitig einen Lichtimpuls nach hinten schickt. Am vorderen Ende des Abteils ist ein Detektor angebracht, der den einen Lichtimpuls registriert, und am hinteren Ende ist ein zweiter Detektor angebracht, der den zweiten Lichtimpuls registriert. Der Abstand von der Lampe in der Mitte ist zu beiden Detektoren gleich, daher treffen die Lichtimpulse gleichzeitig bei den Detektoren ein, weil die Lichtgeschwindigkeit für den Physiker im Abteil in allen Richtungen gleich ist.

Der Beobachter auf dem Bahndamm sieht folgendes: Für ihn ist in seinem System die Lichtgeschwindigkeit ebenfalls in allen Richtungen gleich, daher trifft für ihn der Lichtimpuls am vorderen Detektor später ein als am hinteren Detektor, weil der vordere Detektor dem Lichtimpuls mit der Geschwindigkeit des Zuges vorauseilt und der hintere Detektor dem Lichtimpuls entgegenkommt.

D.h. die beiden Ereignisse, ein Lichtimpuls trifft auf den vorderen Detektor und der andere Lichtimpuls trifft auf den hinteren Detektor, sind im System des Zugabteils gleichzeitig, im System des Bahndammes aber nicht gleichzeitig.

Die Gleichzeitigkeit von Ereignissen an verschiedenen Orten ist demnach ein relativer Begriff.

Damit zusammen hängt auch der Begriff der Synchronisation. Neben den Detektoren vorne und hinten im Abteil sollen auch jeweils eine Uhr angebracht sein, die den Zeitpunkt zeigt, wann der Lichtimpuls vom Detektor registriert wird. Wenn die beiden Lichtimpulse im Zugabteil bei den Detektoren gleichzeitig ankommen und wenn dabei die Zeitangaben der beiden Uhren übereinstimmen, dann gehen die beiden Uhren synchron. Das gilt für den Beobachter im Zugabteil.

Der Beobachter auf dem Bahndamm sieht auch, dass die beiden Uhren die gleiche Zeit anzeigen beim Auftreffen der Lichtimpulse, aber zu verschiedenen Zeitenpunkten, nicht gleichzeitig, d.h. die beiden Uhren gehen für den Beobachter auf dem Bahndamm nicht synchron.

Der Begriff der Synchronisation ist also auch ein relativer Begriff.

Ich habe hier absichtlich nicht von einem „ruhenden System" und einem „bewegten System" gesprochen, denn die Unterscheidung zwischen „ruhend" (das wäre der Bahndamm) und „bewegt" (das wäre der Zug) ist auch relativ. Wir können genauso gut behaupten, dass der Zug still steht, und die Erde sich unter dem Zug hinwegdreht. Dann wäre der Zug das „ruhende" System und der Bahndamm - mitsamt der ganzen Erde - das „bewegte" System.

Wir sehen, wir haben es mit zwei völlig gleichwertigen Systemen zu tun, d.h. wir können nicht entscheiden, welches System „ruht" und welches „sich bewegt". Alle mechanischen Versuche, Bälle werfen, Bälle fallen lassen usw. zeigen in beiden Systemen das gleiche Ergebnis.

Deshalb geht Albert Einstein bei seinen Überlegungen von den beiden Prinzipien aus[3]:

„1. Die Gesetze, nach denen sich die Zustände der physikalischen Systeme ändern, sind unabhängig davon, auf welches von zwei relativ zueinander in gleichförmiger Translationsbewegung befindlichen Koordinatensysteme diese Zustände bezogen werden." (A. Einstein).

Dieses „Prinzip der Relativität" ist eine Verallgemeinerung der obigen Feststellung, in der es nur um mechanische Gesetze geht. Einstein bezieht damit auch optische Experimente mit ein und verdeutlicht das durch das Postulat von der Konstanz der Lichtgeschwindigkeit:

„2. Jeder Lichtstrahl bewegt sich im „ruhenden" Koordinatensystem mit der bestimmten Geschwindigkeit V, unabhängig

---

[3] *A.Einstein, Zur Elektrodynamik bewegter Körper,*
Annalen der Physik, Juni 1905, S. 891

davon, ob dieser Lichtstrahl von einem ruhenden oder bewegten Körper emittiert ist."

Bei Einstein ist V die Lichtgeschwindigkeit, die heute mit c bezeichnet wird.

Dieser zweite Teil, die Konstanz der Lichtgeschwindigkeit, von Einstein als 2. Prinzip bezeichnet, ist nur scheinbar unverträglich mit dem 1. Prinzip, im Gegenteil, die Konstanz der Lichtgeschwindigkeit ist eine Folge des allgemeineren Relativitätsprinzips. Sie ist sogar notwendig für die Gültigkeit des allgemeineren Relativitätsprinzips, denn wäre die Lichtgeschwindigkeit nicht konstant, könnte man mit Hilfe von optischen Versuchen eine absolute Geschwindigkeit und damit einen absoluten Raum bestimmen bzw. ein bevorzugtes System.

Die Konstanz der Lichtgeschwindigkeit wurde ja auch experimentell bestätigt durch die Versuche von Michelson und Morley. Damit konnte auch die Elektrodynamik bewegter Körper erklärt werden und die Vorstellung des „Lichtäthers" als überflüssig eliminiert werden. Die „Gesetze" im 1. Prinzip beinhalten also nicht nur mechanische Gesetze, sondern auch elektrodynamische und optische Gesetze.

Einstein hat in der ganzen Entwicklung der speziellen Relativitätstheorie nicht die Konstanz der Lichtgeschwindigkeit vorausgesetzt, sondern diese nur als Ergebnis und Bestätigung des Relativitätsprinzips gesehen[4].

---

[4] *A. Pais, Raffiniert ist der Herrgott... Albert Einstein. Eine wissenschaftliche Biographie, Spektrum, Akademischer Verlag, Heidelberg, Berlin 2000*

Das widerspricht alles den Erfahrungssätzen von Galilei und Newton, nur, diese Erfahrungssätze sind Erfahrungen, die in einem Rahmen gemacht wurden, in dem nur Geschwindigkeiten eine Rolle spielten, die sehr viel kleiner waren als die Lichtgeschwindigkeit. Es gibt von Newton aus gutem Grunde keine Beobachtung bei so hohen Geschwindigkeiten.

Der Raum ist für Newton dreidimensional und absolut ruhend, sozusagen als Bühne des physikalischen Geschehens. Daneben gilt die Zeit als weitere Dimension, auch als absolut, sozusagen als Weltenuhr, um den Ablauf des Geschehens zu beschreiben.

Wir wollen nun untersuchen, wie dieser Sachverhalt von der Transformation der Größen zwischen den beiden Systemen, fahrender Zug und Bahndamm, behandelt wird.

Als erstes schauen wir uns die klassische Galilei-Transformation an. Anschließend behandeln wir die Lorentz-Transformation und damit nacheinander die relativistischen Eigenarten und Abweichungen von der klassischen Galilei-Transformation.

Das vieldiskutierte Zwillingsparadoxon wird in einem eigenen Anhang (Anhang A3) mit den hier gewonnenen Ergebnissen diskutiert.

1. Die Galilei-Transformation.

In Abb.A2.1 sind zwei Systeme dargestellt, ein ruhendes System **S** und ein System **S'**, das sich mit der Geschwindigkeit v_0 nach rechts bewegt. Im bewegten System **S'** befinde sich ein Punkt **P'**, der sich mit dem System **S'** bewegt, (**S'** ist die Eisenbahn, **S** ist die umgebende Landschaft und **P'** ist z.B. ein Kleiderhaken im Eisenbahnabteil, wo der eine Beobachter sitzt). x und x' sind die Koordinaten des Punktes **P'** in **S** bzw. in **S'** (wir betrachten der Einfachheit halber nur die eine Koordinate in Fahrtrichtung), und t ist die Zeit.

Damit ist

$$x = x' + v_0 \times t \qquad\qquad (A2.1)$$

die Koordinate des Punktes **P'**, die der draußen stehende Beobachter sieht, setzt sich zusammen aus der Koordinate x', die der im Wagon sitzende Beobachter im Wagon misst, z.B. den Abstand zur gegenüberliegenden Wand und der Strecke, die der Punkt mit der Eisenbahn in der Zeit t zurücklegt.

Umgekehrt ist

$$x' = x - v_0 \times t \qquad\qquad (A2.1')$$

die Koordinate des Punktes **P'**, die der im Wagon sitzende Beobachter misst. Die setzt sich zusammen aus der Koordinate x des Punktes **P'** relativ zur vorbeiflitzenden Landschaft, z.B. den Abstand zu einem Baum in der Landschaft, und der Strecke, die der Punkt mit der Eisenbahn in der Zeit t zurücklegt; diese Strecke muss abgezogen werden.

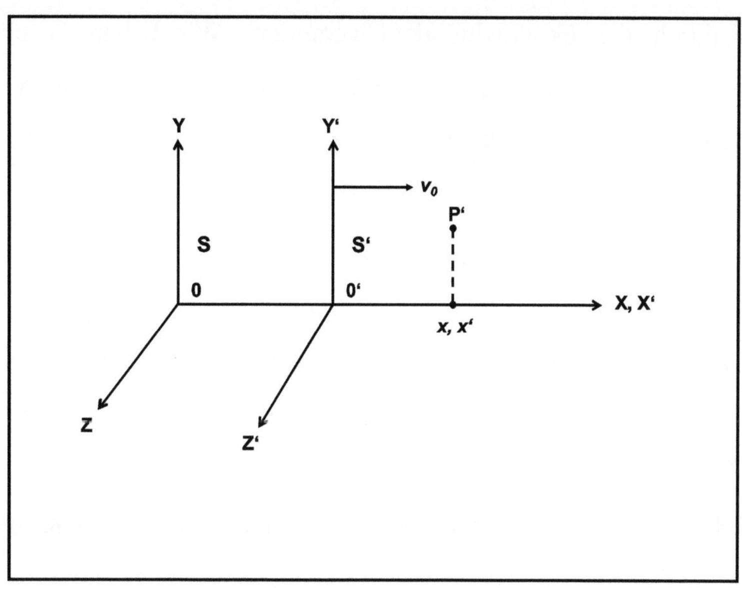

Abb.A2.1. Galilei-Transformation.

*Zwei Systeme sind dargestellt, ein ruhendes System **S** und ein System **S'**, das sich mit der Geschwindigkeit v_0 nach rechts bewegt. Der Abstand der beiden Punkte **0** und **0'** ändert sich mit der Zeit nach $v_0 \times t$. Im bewegten System **S'** befinde sich ein Punkt **P'**, der sich mit dem System **S'** bewegt. x und x' sind die Koordinaten des Punktes **P'** in **S** bzw. in **S'**, (wir betrachten der Einfachheit halber nur die eine Koordinate in Fahrtrichtung), und t ist die Zeit, wobei t = 0 im Ursprung 0 gesetzt wurde.*

Die beiden anderen Koordinaten bleiben unverändert, sie werden nicht durch die Geschwindigkeit verändert. Wir haben ja unser Koordinatensystem gerade so gelegt, dass die x-Achse parallel zur Richtung der Geschwindigkeit zeigt,

$$y = y'$$
$$z = z'$$

Ich beschreibe das hier so ausführlich, weil die Verhältnisse später genau auseinander zu halten sind. Hier ist es noch einfach. Auch die Umrechnung zwischen x und x' sind ja sehr einfach.

In Abb.A2.2 ist nun statt des im System **S'** ruhenden Punktes ein Punkt **Q'** eingezeichnet, der sich im System **S'** mit einer Geschwindigkeit u' bewegt. Wir fragen nun, mit welcher Geschwindigkeit bewegt sich dieser Punkt **Q'** im ruhenden System **S**.

Die Koordinate x' des Punktes **Q'** im System **S'** ändert sich mit der Zeit t gemäß

$$x' = u' \times t$$

und der Ursprung $0'$ des Systems **S'** ändert sich mit der Zeit t gemäß

$$x_0 = v_0 \times t$$

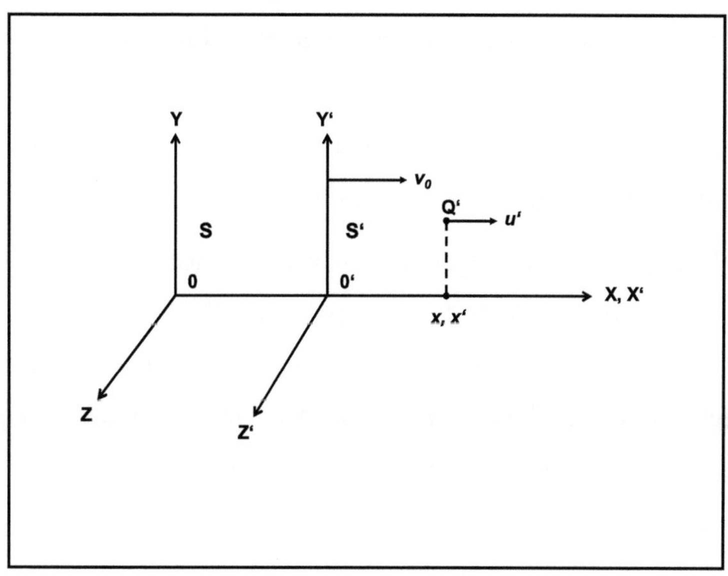

Abb.A2.2. Addition der Geschwindigkeiten in der Galilei-Transformation.

*Wieder sind hier zwei Systeme dargestellt, ein ruhendes System **S** und ein System **S'**, das sich mit der Geschwindigkeit v_0 nach rechts bewegt. Im bewegten System **S'** befinde sich ein Punkt **Q'**, der sich im System **S'** mit der Geschwindigkeit u' bewegt, ebenfalls in x-Richtung. x und x' sind wie vorhin die Koordinaten des Punktes **Q'** in **S** bzw. in **S'**. Nach der klassischen Galilei-Transformation ist die Geschwindigkeit des Punktes **Q'** im ruhenden System **S** die Summe aus der Geschwindigkeit u' in **S'** und der Geschwindigkeit v_0 des Systems **S'** in im ruhenden System **S**.*

welches man aus (A2.1) mit $\mathbf{x'} = 0$ erhält. Die Koordinate $\mathbf{x}$ des Punktes Q' in $\mathbf{S}$ erhält man durch Addition der Koordinate des Ursprungs $0'$ von $\mathbf{S'}$ in $\mathbf{S}$ und der Koordinate x' des Punktes Q' in $\mathbf{S'}$

$$x = x_0 + x' = v_0 \times t + u' \times t = u \times t$$

mit

$$u = v_0 + u' \qquad\qquad (A2.2)$$

d.h. die Geschwindigkeiten addieren sich einfach.

Und genau hier fangen die Schwierigkeiten mit der Galilei-Transformation an, denn bewegt sich der Punkt $\mathbf{Q'}$ in $\mathbf{S'}$ mit Lichtgeschwindigkeit c, wenn z.B. $\mathbf{Q'}$ ein Photon repräsentiert, dann bewegt sich dieses Photon in $\mathbf{S}$ mit der Überlichtgeschwindigkeit $c + v_0$, und das widerspricht dem experimentellen Befund des Michelson Morley Experimentes (2. Tag).

Wir haben oben gesehen, dass die Begriffe Gleichzeitigkeit und Synchronisation relativ sind. Das lässt sich mit der Galilei-Transformation nicht richtig beschreiben. Also müssen wir sowohl aus experimentellen als auch aus theoretischen Gründen nach einem anderen Transformationsgesetz suchen.

2. Die Lorentz-Transformation.

Wir müssen also die beiden Transformationsgleichungen (A2.1) und (A2.1') so modifizieren, dass die Konstanz der Lichtgeschwindigkeit gewahrt bleibt.

Der einfachste Ansatz, den man machen kann, ist, die beiden Gleichungen mit einem Faktor γ zu multiplizieren,

$$x = \gamma \times (x' + v_0 \times t') \tag{A2.3}$$

und

$$x' = \gamma \times (x - v_0 \times t) \tag{A2.3'}$$

Die beiden anderen Koordinaten übernehmen wir unverändert aus der Galilei-Transformation,

$$y = y'$$

$$z = z'$$

Man sieht schon, wenn γ ungleich 1 ist, müssen wir auch zwei verschiedene Zeiten t und t' einführen, um formale Schwierigkeiten zu vermeiden. Was das physikalisch bedeutet, müssen wir noch klären.

Wir betrachten nun einen Lichtimpuls, der vom Ursprung beider Koordinatensysteme ausgesandt wird in dem Augenblick, in dem beide Systeme, beide Punkte 0 und $0\,$', zusammenfallen. Dann erreicht der Lichtimpuls im System **S** den Punkt x zur Zeit $t = \frac{x}{c}$ und im System **S'** den Punkt x' zur Zeit $t' = \frac{x'}{c}$, weil in beiden Systemen die Lichtgeschwindigkeit c beträgt. Setzt man diese Werte für t und t' in die Transformationsgleichungen (A2.3) und (A2.3') erhält man

$$x = \gamma \times x' \times \left(1 + \frac{v_0}{c}\right) \quad \text{und} \quad x' = \gamma \times x \times \left(1 - \frac{v_0}{c}\right)$$

Multipliziert man die beiden Gleichungen, erhält man

$$x \times x' = \gamma^2 \times x' \times x \times \left(1 + \frac{v_0}{c}\right) \times \left(1 - \frac{v_0}{c}\right)$$

woraus wir für γ erhalten

$$\gamma(v_0) = (1 - \beta^2)^{-\frac{1}{2}} \ \text{mit} \ \beta = \frac{v_0}{c} \tag{A2.4}$$

Die Konstanz der Lichtgeschwindigkeit c ist essentiell für die Lorentz-Transformation, denn wäre die Lichtgeschwindigkeit im System **S'** nur $c - v_0$, dann wäre $t' = x'/(c - v_0)$. Damit würde man mit demselben Verfahren $\gamma = 1$ bekommen, also die klassische Galilei-Transformation. Dann wäre auch $\beta = 0$, d.h. die Lichtgeschwindigkeit müsste unendlich groß sein.

Aus der Beziehung (A2.4), die wir für den Faktor γ als Funktion von v_0 gefunden haben, erscheint die Lichtgeschwindigkeit c auch als die maximal erreichbare Geschwindigkeit.

3. Zeitdilatation.

Setzt man den Ausdruck für x' aus Gleichung (A2.3') in die Gleichung (A2.3) erhält man wegen

$$(\gamma^2 - 1)/\gamma^2 = 1 - 1/\gamma^2 = 1 - (1 - \beta^2) = \beta^2$$

die Transformationsgleichung für die Zeit

$$t = \gamma \times (t' + \beta^2 \times \frac{x'}{v_0}) \tag{A2.5}$$

und analog

$$t' = \gamma \times (t - \beta^2 \times \frac{x}{v_0}) \tag{A2.5'}$$

Wir sehen schon hier, wir müssen jedem System **S** und **S'** seine eigene Zeit t bzw. t' zuordnen.

Am Ort **P'** im bewegten System **S'** sei eine Uhr vorhanden, welche sich mit dem System **S'** bewegt, also in **S'** ruht - das ist die Taschenuhr des Fahrgastes im Zug – und die Zeit t' misst. Damit der draußen in **S** ruhende Beobachter den Gang der bewegten Uhr beurteilen kann, muss er die Zeit t' ins eigene System mit (A2.5) umrechnen. Die Zeitdifferenz $\Delta t' = t'_2 - t'_1$ zweier Ereignisse, die zu den Zeiten t'_1 und t'_2 in **S'** geschehen, wird vom Beobachter in **S** registriert als

$$\Delta t = t_2 - t_1 = \gamma \times (t'_2 - t'_1) = \gamma \times \Delta t' \qquad \text{(A2.6)}$$

d.h. für den Beobachter in **S** geht die bewegte Uhr langsamer, $\Delta t > \Delta t'$, da $\gamma > 1$. Der ruhende Beobachter in S sieht die Zeit in S' gedehnt.

Es wäre allerdings jetzt falsch zu behaupten, dass die Uhr in **S'** generell langsamer ginge als eine Uhr des in **S** ruhenden Beobachters, denn der Beobachter in **S'** kann genauso gut argumentieren, dass seine Uhr ruht und die Uhr in **S** rauscht mitsamt der ganzen Landschaft mit der Geschwindigkeit $-v_0$ an ihm vorüber, so dass für den Beobachter in **S'** die Uhr in **S** langsamer geht als seine. Das scheint ziemlich paradox. Das liegt daran, dass die Frage, welche Uhr denn nun „wirklich" die langsamere ist, auf der Vorstellung des Vorhandenseins einer universellen Uhr beruht, mit der man die beiden Uhren in **S** und **S'** vergleichen könnte. Eine solche universelle Uhr gibt es nicht. Wir haben nur für jedes einzelne System eine eigene Zeit, und man kann nur die Uhr im anderen System vergleichen mit der eigenen Uhr, die Zeit im relativ bewegten System messen relativ zur eigenen Zeit. Wir haben nur berechnet, dass die Uhr in **S'** für den Beobachter in **S** langsamer geht als eine Uhr im eigenen System **S**.

4. Längenkontraktion.[5]

Im System **S'** befinde sich ein Stab in Ruhe mit den Endpunkten **P₁'** und **P₂'**. **P₁'** liege im Ursprung, d.h. $x'_1 = 0$, und **P₂'** liege bei x'_2 auf der x-Achse (Abb.A2.3). Dann ist die Länge des Stabes in **S'** der Abstand zwischen **P₁'** und **P₂'**, d.h. $\Delta x' = x'_2$. Im System **S** bewege sich das System **S'** mit dem Stab in x-Richtung mit der Geschwindigkeit v_0, und zwar so, dass zur Zeit $t = 0$ in **S** die beiden Ursprünge **0'(S')** und **0(S)** sich decken, d.h. der eine Endpunkt **P₁'** des Stabes im System **S'** liegt auch in **S** im Ursprung mit $x_1 = 0$ zur Zeit $t = 0$. Die Koordinate des zweiten Endpunktes **P₂** ist x_2 und die Länge des Stabes in **S** ist $\Delta x = x_2 - x_1 = x_2$, da $x_1 = 0$ ist.

Um die Länge des Stabes, Δx, in **S** zu bestimmen, müssen wir den zweiten Endpunkt **P₂** in **S** zur selben Zeit $t = 0$ bestimmen. Für **P₂** ist (A2.3)

$$x_2 = \gamma \times (x'_2 + v_0 \times t')$$

und für $t = 0$ ist (A2.5)

$$t = 0 = \gamma \times \left(t' + \beta^2 \times \frac{x'_2}{v_0}\right)$$

d.h.

$$t' = -\beta^2 \times \frac{x'_2}{v_0}$$

---

[5] *G.Jäger, Theoretische Physik, Sammlung Göschen, 1930*

Für $t = 0$ ist für $\mathbf{P_1}$ auch $t' = 0$, so haben wir den Stab platziert und die Zeitmaße eingerichtet, aber für $\mathbf{P_2}$ ist $t' \neq 0$, d.h. die gleichzeitige Bestimmung der beiden Koordinaten in $\mathbf{S}$ ist nicht gleichzeitig in $\mathbf{S'}$. Das ist auch der Grund für dieses etwas umständliche Verfahren. Würden wir einfach Δx aus (A2.3) direkt bestimmen, würden wir inkonsistente Ergebnisse bekommen. Auf die Relativität von gleichzeitigen Ereignissen werden wir später zurückkommen.

Für x_2 erhalten wir dann mit t' aus den obigen Formeln

$$x_2 = \gamma \times x'_2 \times (1 - \beta^2) = x'_2/\gamma$$

oder

$$\Delta x = \Delta x'/\gamma < \Delta x' \quad \text{da } \gamma > 1 \qquad \text{(A2.7)}$$

Der bewegte Stab ist kürzer als der ruhende. Dabei gilt hier das gleiche wie bei der Zeitdilatation. Es ist sinnlos zu fragen, welcher Stab nun „wirklich" kürzer ist. Es ist immer für den ruhenden Beobachter der bewegte Stab kürzer.

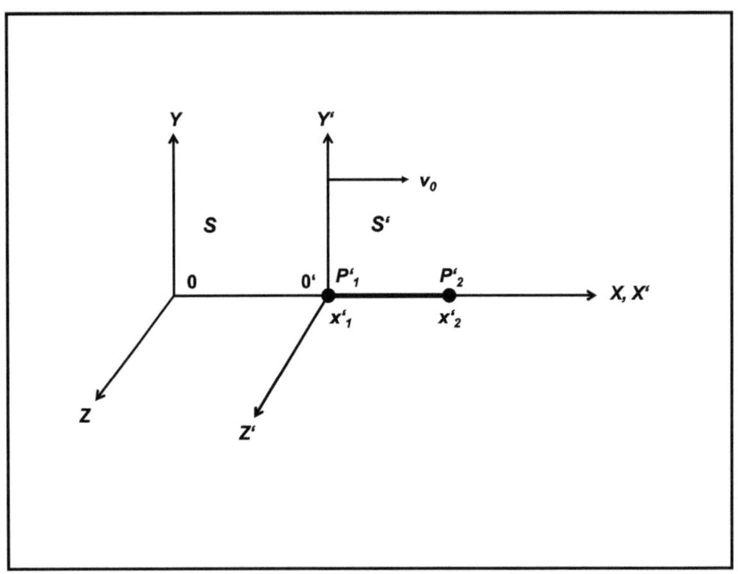

Abb.A2.3. Längenkontraktion.

*Im System **S'** befindet sich der Stab mit den Endpunkten **P'₁** und **P'₂** in Ruhe. **P'₁** liege im Ursprung, d.h. $x'_1 = 0$, und **P'₂** liege bei x'_2 auf der x-Achse. Die Länge des Stabes in **S'** ist der Abstand zwischen **P'₁** und **P'₂**, d.h. $\Delta x' = x'_2$.*

*Im System **S** bewegt sich das System **S'** mit dem Stab in x-Richtung mit der Geschwindigkeit v_0, und zwar so, dass zur Zeit $t = 0$ in **S** die beiden Ursprünge **0'(S')** und **0(S)** sich decken, d.h. der eine Endpunkt **P₁** des Stabes im System **S** liegt auch in **S** im Ursprung mit $x_1 = 0$ zur Zeit $t = 0$. Die Koordinate des zweiten Endpunktes **P₂** ist x_2 und die Länge des Stabes in **S** ist $\Delta x = x_2 - x_1 = x_2$, da $x_1 = 0$ ist.*

In der Abbildung sind der Deutlichkeit halber die Verhältnisse zu einem späteren Zeitpunkt $t > 0$ dargestellt.

Die Berechnung zeigt, dass $\Delta x' < \Delta x$, der bewegte Stab ist kürzer.

5. Frequenzverschiebung.

Im bewegte System **S'** sei ein periodischer Vorgang beschrieben durch

$$\psi'(x',t') = exp(-i \times (\omega' \times t' - k' \times x'))$$

Im ruhenden System **S** wird dieser Vorgang beobachtet und beschrieben durch

$$\psi(x,t) = exp(-i \times (\omega \times t - k \times x))$$

mit x und t nach (A2.3) und (A2.5).

Damit erhält man

$$\omega' = \gamma \times (\omega - k \times v_0) \qquad (A2.8)$$

und

$$k' = \gamma \times (k - \beta^2 \times \frac{\omega}{v_0}) \qquad (A2.8')$$

Im Falle des Lichts ist

$$\omega = k \times c \qquad (A2.9)$$

und

$$\omega' = \gamma \times \omega \times (1 - \beta) \qquad (A2.10)$$

$$k' = \gamma \times k \times (1 - \beta) \qquad (A2.10')$$

$$\omega' = k' \times c \qquad (A2.9')$$

oder umgerechnet

$$\omega' = \omega \times \sqrt{\frac{1-\beta}{1+\beta}} \qquad (A2.11)$$

Wenn $\beta > 0$ ist, d.h. das System **S'** bewegt sich mit der Geschwindigkeit v_0 vom Beobachter in **S** fort, dann ist $\omega' < \omega$. Das bedeutet der Beobachter in **S** registriert eine Rotverschiebung der Frequenz, die Frequenz im bewegten Objekt ist kleiner als im ruhenden. Wenn z.B. die Frequenz des Lichtes aus einem Atom im Laborsystem **S** auf der Erde ω beträgt, und die Frequenz des Lichtes aus dem gleichen Atom in einem Stern **S'** ω' beträgt mit $\omega' < \omega$ bedeutet das, dass der Stern sich mit der Geschwindigkeit v_0 von uns fortbewegt.

Die hier berechnete Frequenzverschiebung enthält sowohl den klassischen Dopplereffekt als auch die relativistische Zeitdilatation. Wenn wir in Gleichung (A2.8) $\gamma = 1$ setzen, erhalten wir sofort den klassischen Dopplereffekt. Diesen klassischen Dopplereffekt erleben wir beim Schall jedes Mal, wenn ein hupendes Auto an uns vorbeifährt. Wenn das Auto auf uns zukommt, v_0 ist in (A2.8) negativ, hören wir ein höheres Signal, die Frequenz $v = \frac{\omega}{2\pi}$ ist hoch; wenn es an uns vorbeifährt ändert sich die Tonlage, der Signalton wird deutlich tiefer, wenn das Auto sich von uns entfernt, v_0 ist in (A2.8) positiv, die Frequenz wird niedriger. Das gleiche gilt auch für die Frequenz des Lichtes. Wir sehen eine Blauverschiebung, wenn die Lichtquelle auf uns zukommt, und eine Rotverschiebung, wenn sich die Lichtquelle von uns entfernt. Wenn sich die Lichtquelle von uns entfernt, wirken beide Effekte, die relativistische Zeitdilatation und die damit verbundene Frequenzverschiebung und die klassische Dopplerverschiebung in die gleiche Richtung und addieren sich zu einer Gesamtverschiebung.

Wenn sich die Lichtquelle auf uns zubewegt, führt die relativistische Zeitdilatation auch zu einer Rotverschiebung, aber die klassische Dopplerverschiebung führt zu einer Blauverschiebung, die überwiegt. Wie das im Einzelnen aussieht, werden wir bei der Behandlung des Zwillingseffektes genauer kennen lernen.

6. Addition von Geschwindigkeiten.

Im System **S'** bewege sich ein Objekt **Q'** mit der Geschwindigkeit u' in x'-Richtung, d.h. vektoriell geschrieben $u' = (u'_x, 0)$.

Wir fragen nun wie früher bei der Galilei-Transformation, welche Geschwindigkeit u_x hat das Objekt im ruhenden System **S**.

Aus den Transformationsgleichungen (A2.3) und (A2.5) folgt mit

$$x' = u'_x \times t'$$

$$x = \gamma \times (u'_x \times t' + v_0 \times t')$$

und
$$t = \gamma \times (t' + \frac{\beta^2}{v_0} \times u'_x \times t')$$

und damit

$$u_x = \frac{x}{t} = \frac{(u'_x + v_0)}{(1 + \frac{\beta^2}{v_0} \times u'_x)} \qquad (A2.12)$$

wobei

$$\frac{\beta^2}{v_0} \times u'_x = \frac{v_0 u'_x}{c^2}$$

Hier sehen wir auch den Unterschied zur klassischen Galilei-Transformation, die Geschwindigkeit u_x im ruhenden System **S** ist kleiner als die einfache Summe der beiden Geschwindigkeiten u'_x und v_0. Bewegt sich das Objekt **Q'**, ein Photon, gar mit Lichtgeschwindigkeit c, also $u'_x = c$, dann erhält man sofort auch im ruhenden System **S** für die Geschwindigkeit des Photons $u_x = c$. Die Lichtgeschwindigkeit bleibt konstant.

Bewegt sich das Objekt **Q'** in y'-Richtung, d.h. $u' = \left(0, u'_y\right)$, so wird aus $y = y' = u'_y \times t'$, weil ja **S'** sich nur in x-Richtung bewegt,

$$u_y = \frac{y}{t} = u'_y / \gamma \qquad (A2.13)$$

d.h. das Objekt bewegt sich in **S** langsamer. Hier zeigt sich wieder die Lichtgeschwindigkeit als maximal erreichbare Geschwindigkeit.

7. Gleichzeitigkeit von Ereignissen.[6]

Aus den Beziehungen A2.5 und A2.5' folgt, dass Ereignisse an zwei verschiedenen Orten, die in einem System **S** als gleichzeitig beobachtet werden, in einem dazu bewegten System **S'** sich nicht zur gleichen Zeit ereignen. Wenn ein Ereignis in **S** am Punkt x_1 zur Zeit t_1 vorkommt und das andere Ereignis bei x_2 zur Zeit t_2 gleichzeitig vorkommt, d.h. $t_1 = t_2$, so finden wir, dass die beiden korrespondierenden Zeiten t'_1 und t'_2 in **S'** beobachtet um den Betrag

$$t'_2 - t'_1 = \gamma \times \frac{\beta^2}{v_0} \times (x_1 - x_2) \qquad (A2.14)$$

---

[6] R.P.Feynman, Band 1, S.226

differieren. Die Ereignisse sind in **S'** beobachtet nicht gleichzeitig. Die Gleichzeitigkeit von Ereignissen ist also auch ein relativer Begriff, wie das vorhin anschaulich beschrieben wurde. Was bedeutet das nun?

Schauen wir uns mal die Gleichung (A2.5) etwas genauer an:

$$t = \gamma \times (t' + \beta^2 \times \frac{x'}{v_0})$$

dann sehen wir, dass die Zeit t, die der Beobachter im ruhenden System misst, nicht nur von der Zeit t' im bewegten System abhängt, sondern auch noch von der Position x' im bewegten System.

Stellen wir uns vor, wir stehen als ruhender Beobachter auf dem Bahnsteig und lassen einen Zug an uns vorbeifahren. Im Zug hätten die Reisenden in alle Fenster Reisewecker gestellt, die nach außen zeigen, so dass wir sie von außen beobachten können, wenn der Zug vorbeifährt. Die Uhren hätten die Reisegäste synchronisiert, so dass sie alle gleich gehen. Was beobachten wir dann, wenn wir draußen stehen und die vorbeifahrenden Uhren sehen? Zunächst stellen wir fest, dass die Uhren im Zug durch die Zeitdilatation alle langsamer gehen als unsere eigene Uhr. Aber sie gehen auch unterschiedlich. Die Uhren, die vorne sind, zeigen immer weniger und weniger an, je weiter vorne sie sind. Und die Uhren, die hinten sind, zeigen immer mehr und mehr an, je weiter hinten sie sind. Wir finden keine zwei Uhren in unterschiedlichen Fenstern, also an unterschiedlichen Positionen, die die gleiche Zeit anzeigen. Damit ist es auch verständlich, dass man keine Gleichzeitigkeit definieren kann, keine absolute Gleichzeitigkeit.

Für die Reisenden im Zug zeigen die Uhren alle die gleiche Zeit an, sie sind synchron, so dass sie die Gleichzeitigkeit von Ereignissen, die an verschiedenen Orten geschehen, feststellen können. Für den Beobachter auf dem Bahnsteig ist das nicht möglich.

Für die Darstellung der Verhältnisse werden wir hier ein anderes Koordinatensystem verwenden, das wir auch später beim Zwillingsparadoxon verwenden werden.

In Abb.A2.4 ist die Zeit mit einbezogen, dafür ist nur eine Raumkoordinate, die x-Achse, dargestellt. Das ist ausreichend für die Darstellung, da wir immer das Koordinatensystem so legen können, dass die Bewegung in Richtung der x-Achse erfolgt.

Mit dieser Darstellung sind die Verhältnisse bei der Behandlung des anfangs geschilderten Experimentes zur Feststellung der Gleichzeitigkeit in Abb.A2.5 und Abb.A2.6 gezeigt.

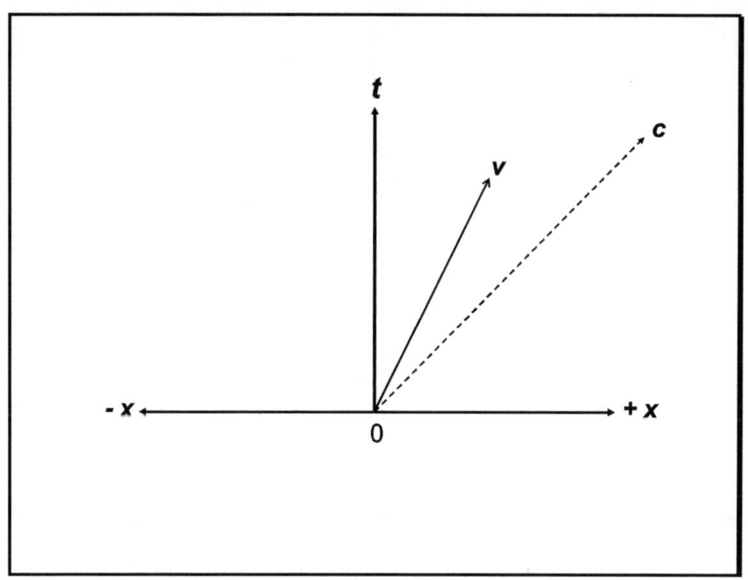

Abb.A2.4. Darstellung im x-t-Diagramm

Im Koordinatensystem ist die Zeitachse (t) vertikal und eine der drei Raumachsen (x) horizontal eingezeichnet.

Die gestrichelte Linie stellt den Weg eines Lichtquants dar, das sich mit Lichtgeschwindigkeit (c) nach rechts im System bewegt. Die Zeiteinheiten und Längeneinheiten sind so gewählt, dass der Lichtweg unter 45° nach oben zeigt, z.B Zeit in Sekunden und Länge in Lichtsekunden[7].

Weiterhin ist der Weg eines Objektes eingezeichnet, das sich mit halber Lichtgeschwindigkeit (v) nach rechts bewegt.

---

[7] *Eine Lichtsekunde ist ungefähr $3 \cdot 10^{10}$ cm*

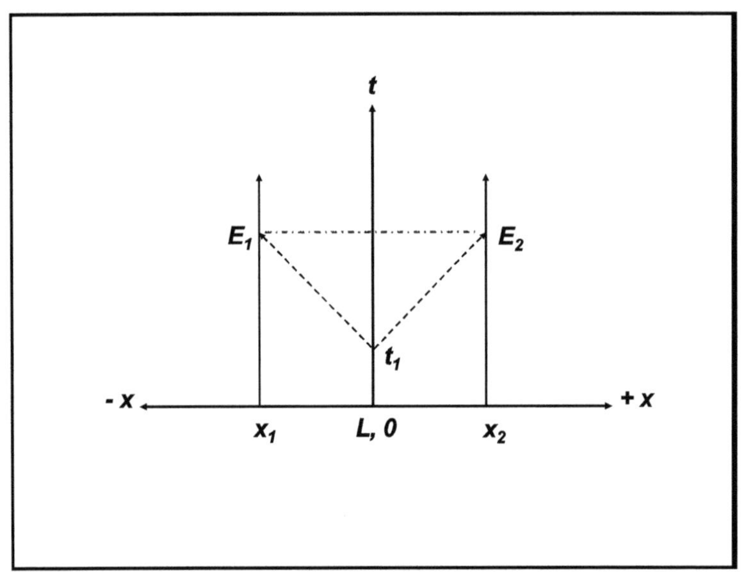

Abb.A2.5. Das Experiment zur Feststellung der Relativität der Gleichzeitigkeit im x-t-Diagramm.

Gezeigt ist der Eisenbahnwaggon, in dem der Beobachter mit seinem Experiment ruht. Das eine Ende des Abteils liegt bei x_1 und das andere Ende bei x_2. Für den im Abteil ruhenden Beobachter ändert sich nur die Zeit, daher bewegen sich die beiden Punkte x_1 und x_2 im Koordinatensystem senkrecht nach oben in Richtung der Zeitachse. In der Mitte zwischen den beiden Punkten ist eine Lichtquelle angebracht. Der Beobachter, der im Eisenbahnwaggon ruht, schickt mittels dieser Lichtquelle zur Zeit t_1 einen Lichtimpuls nach hinten und gleichzeitig einen zweiten Lichtimpuls nach vorn. Im Koordinatensystem bewegen sich die beiden Lichtimpulse unter 45° bzw. -45° nach oben und treffen auf die vordere Wand bei E_2 bzw. auf die hintere Wand bei E_1. Die beiden Ereignisse E_1 und E_2 sind gleichzeitig, sie liegen auf der Horizontalen zwischen den beiden Ereignispunkten.

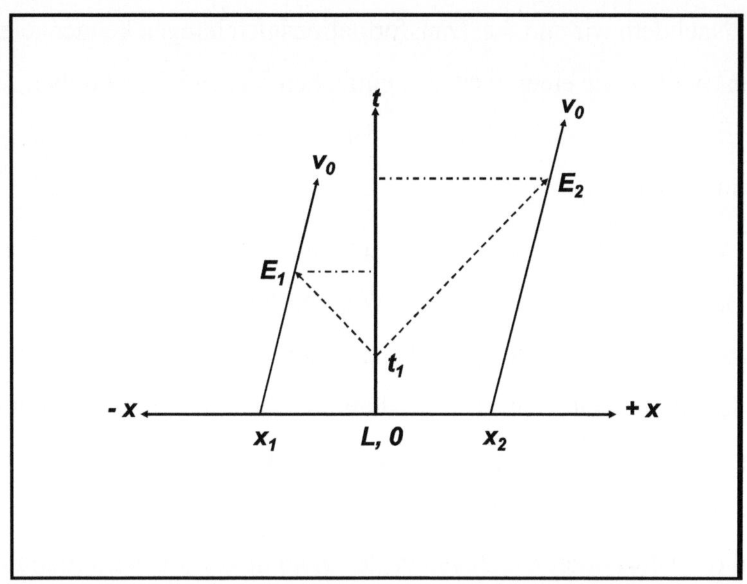

Abb.A2.6. Das Experiment zur Feststellung der Relativität der Gleichzeitigkeit im x-t-Diagramm.

Für den auf dem Bahndamm ruhenden Beobachter bewegt sich der Eisenbahnwaggon mit der Geschwindigkeit v_0 nach rechts. Er beobachtet auch, wie die beiden Lichtpulse zur Zeit t_1 emittiert werden und bei E_1 bzw. bei E_2 auf die Endwände auftreffen. Für den Beobachter auf dem Bahndamm bewegen sich die Lichtpulse auch unter 45° bzw. -45° nach oben, sie treffen jedoch zu verschiedenen Zeitpunkten auf die Wände auf. Die beiden Ereignisse E_1 und E_2 sind nicht gleichzeitig, sie liegen nicht auf der selben Horizontale, E_2 trifft später ein als E_1.

Nachdem wir nun die Transformationsgleichungen kennengelernt haben, wollen wir einen weiteren einfachen Versuch beschreiben, wie ihn Einstein verwendet hat, mit den Bezeichnungen, die wir hier gebraucht haben[8].

Wir betrachten wieder den Eisenbahnwaggon als System **S'** und den Bahndamm als System **S**. Im Waggon hat unser Physiker nun an der vorderen Wand einen Spiegel angebracht und an der hinteren Wand eine Lampe und eine Uhr. Mit der Lampe schickt er einen Lichtimpuls nach vorne, der vom Spiegel wieder zurück nach hinten zur Uhr reflektiert wird. Der Abstand zwischen Lampe und Spiegel ist L'. An Hand der Uhr notiert der Physiker den Zeitpunkt t'_0 der Emission des Lichtimpulses und später die Ankunft t'_2 des reflektierten Lichtimpulses an der hinteren Wand. Ein Kollege des Physikers sitzt am Spiegel und notiert den Zeitpunkt t'_1 der Ankunft des Lichtimpulses und dessen Reflektion am Spiegel.

Die beiden Uhren sind synchron, wenn

$$t'_1 - t'_0 = t'_2 - t'_1 \qquad \text{(A2.15)}$$

ist. Die Lichtgeschwindigkeit ist

$$c = \frac{2 \times L'}{t'_2 - t'_0} \qquad \text{(A2.16)}$$

Jetzt betrachten wir den ganzen Vorgang vom Bahndamm aus. Der Zug rauscht vorüber mit der Geschwindigkeit v_0 nach rechts.

---

[8] *A.Einstein, Zur Elektrodynamik bewegter Körper, Annalen der Physik, Juni 1905, S. 891*

Im System **S**, Bahndamm, ist die Zeit zwischen Emission des Lichtimpulses t_0 und der Ankunftszeit t_1 am Spiegel länger, weil der Lichtimpuls dem Spiegel hinterherlaufen muss,

$$t_1 - t_0 = \frac{L}{c} + \frac{\Delta_1}{c} \quad \text{mit} \quad \Delta_1 = v_0 \times (t_1 - t_0)$$

wobei Δ_1 die Strecke ist, die der Zug in der selben Zeit zurücklegt, wie der Lichtimpuls braucht von der Lampe bist zum Spiegel.

Für den Rückweg vom Spiegel zur hinteren Wand gilt analog, da nun die Rückwand dem Lichtimpuls entgegenkommt,

$$t_2 - t_1 = \frac{L}{c} - \frac{\Delta_2}{c} \quad \text{mit} \quad \Delta_2 = v_0 \times (t_2 - t_1)$$

Daraus ergibt sich

$$t_1 - t_0 = \frac{L}{c - v_0} \quad \text{und} \quad t_2 - t_1 = \frac{L}{c + v_0} \qquad (A2.17)$$

Vergleichen wir das mit der Definition der Synchronisation (A2.15), sehen wir, die beiden Uhren sind im System **S**, vom Bahndamm aus beobachtet, nicht synchron.

Der Lichtweg von der Lampe bis zum Spiegel ist im System **S**

$$L + v_0 \times (t_1 - t_0) = c \times (t_1 - t_0)$$

und zurück bis zur Lampe

$$L - v_0 \times (t_2 - t_1) = c \times (t_2 - t_1)$$

Daraus erhalten wir

$$t_1 - t_0 + t_2 - t_1 = t_2 - t_0 = \Delta t$$

und weiter

$$\Delta t = L \times \left\{ \frac{1}{c - v_0} + \frac{1}{c + v_0} \right\}$$

und schließlich

$$\Delta t = \frac{2\,L}{c} \times \frac{1}{1 - \frac{v_0^2}{c^2}} \qquad\qquad (A2.18)$$

Vergleichen wir den Faktor $\dfrac{1}{1 - \frac{v_0^2}{c^2}}$ in der Gleichung mit der Gleichung

(A2.4) sehen wir, das ist genau γ^2 aus Gleichung (A2.4),

also

$$\Delta t = \frac{2\,L}{c} \times \gamma^2$$

Führen wir die gleiche Rechnung durch im Eisenbahnwaggon, im System **S'**, wo $v_0 = 0$, erhalten wir

$$\Delta t' = \frac{2\,L'}{c} \qquad\qquad (A2.18')$$

mit den entsprechenden Größen in **S'**.

Wir sehen aus diesem einfachen Experiment schon, dass die Synchronizität relativ ist, Gleichung (2A.17). Aber es taucht auch der Faktor γ auf in Gleichung (A2.18), zwar im Quadrat, so dass wir nicht entscheiden können, ob er zu Δt oder zu L gehört. Aber aus der Lorenztransformation wissen wir, wo der Faktor hingehört,

$$L = \frac{L'}{\gamma} < L' \quad \text{und} \quad \Delta t = \gamma \times \Delta t' > \Delta t'$$

d.h. im System **S** (Bahndamm) ist der Waggon kürzer und die Zeit geht langsamer. Wir haben also mit dem Ansatz für die Lorentz-

Transformation (A2.3) die zusätzliche Annahme über die Aufteilung des Faktors γ auf Raum und Zeit gemacht, und zwar die einfachste.

Was ist nun die physikalische Bedeutung dieser ganzen Rechnerei?

Die Spezielle Relativitätstheorie, die wir hier dargelegt haben, behandelt die Verhältnisse in sogenannten gleichförmig bewegten Systemen, d.h. in Systemen die sich relativ zueinander mit konstanter Geschwindigkeit bewegen, auch mit $v_0 = 0$. Das sind sogenannte Inertialsysteme. In ihnen treten keine Beschleunigungen oder Kräfte auf. Bei solchen Systemen können wir nur die relativen Geschwindigkeiten definieren, wir können nicht feststellen, ob sie ruhen oder sich bewegen.

Diese Gleichwertigkeit der Inertialsysteme war schon zu Newtons Zeiten bekannt. Man hatte schon damals festgestellt, dass man mit keinem mechanischen Versuch – werfen von Bällen o.ä. - feststellen konnte, ob sich ein System in Bewegung oder in Ruhe befand. Dennoch stellte man sich einen absoluten Raum vor, später genauer von Kant definiert, und suchte nach Möglichkeiten z.B. die absolute Bewegung der Erde im Weltraum festzustellen.

Die Spezielle Relativitätstheorie geht nun einen wesentlichen Schritt weiter und stellt fest, es gibt keine Möglichkeit, eine absolute Bewegung festzustellen, weder mittels mechanischen Versuchen noch mit optischen Versuchen, welches durch die Konstanz der

Lichtgeschwindigkeit bedingt ist; die Lichtgeschwindigkeit ist in allen Inertialsystemen gleich. Es lässt sich auch keine absolute Geschwindigkeit definieren; es gibt keinen absoluten Raum im Kantschen Sinne.

Das ist der eigentliche Kern der Speziellen Relativitätstheorie, die Äquivalenz aller Inertialsysteme, die Nichtexistenz eines absoluten Raumes. Das impliziert auch, wie wir gesehen haben, es gibt keine universelle Uhr, jedes System hat seine eigene Zeit. Damit wird auch die Frage nach einer „absoluten Geschwindigkeit" sinnlos. Das ist das oben geschilderte Relativitätsprinzip.

Die Spezielle Relativitätstheorie hat die klassische Bühne der Newtonschen Physik ersetzt durch ein vierdimensionales Raum-Zeit Kontinuum. Jedes Inertialsystem hat seinen eigenen vierdimensionalen Raum. Die Umrechnung der Koordinaten zwischen den Systemen erfolgt durch die Lorentz-Transformation. Dieser vierdimensionale Raum lässt sich jedoch nicht mehr zerlegen in den Newtonschen bzw. Kantschen Raum und Zeit, sondern Raum und Zeit bilden ein vierdimensionales Kontinuum, für jedes Inertialsystem sein eigenes. In der Speziellen Relativitätstheorie ist das der pseudoeuklidische Raum, pseudoeuklidisch weil in der Metrik eine der Koordinaten ein anderes Vorzeichen hat als die drei anderen. Meistens wird das Intervall mit dem negativen Vorzeichen zur Beschreibung der Zeit verwendet.

Der Ort in einem Inertialsystem wird wie gewohnt durch die drei Ortsvektoren beschrieben und die Zeit durch die sogenannte Eigenzeit, die vierte Koordinate. Den absoluten Raum und die absolute Zeit im Newtonschen Sinne gibt es nicht.

Das ruhende Inertialsystem ist das System, in dem der Beobachter ruht. Er misst die Koordinaten in seinem System. Er misst aber auch die Koordinaten im anderen Inertialsystem, das sich relativ zu seinem bewegt. Um die zu erfassen, braucht er die Lorentz-Transformation. Da aber Raum und Zeit nicht getrennt auftreten, ergeben sich die verschiedenen scheinbar unlogischen Relationen, Längenkontraktion, Zeitdilatation, Relativität der Gleichzeitigkeit und auch die Äquivalenz von Masse und Energie, worauf wir noch später eingehen werden (in Anhang A4), die alle experimentell durch verschiedene Methoden bestätigt worden sind. Die Summe der Geschwindigkeiten von Objekten in verschiedenen Systemen werden anders gebildet, immer so, dass die Lichtgeschwindigkeit c konstant bleibt, sie ist eine Invariante der Lorentz-Transformation.

Sitzt im anderen System ebenfalls ein Beobachter, dann ist dieses andere System für ihn das ruhende und das erste ist das bewegte System. Dann gelten symmetrisch die gleichen Beziehungen für diesen zweiten Beobachter. Jeder der beiden Beobachter behauptet mit Recht, die Maßstäbe im anderen System sind verkürzt, und die Uhr im anderen System geht langsamer als die eigene Uhr. Das ist der Kern des oben geschilderten Relativitätsprinzips.

Anhang A3, das Zwillingsparadoxon.

Zwillinge sind immer gleich alt, per definitionem; es sei denn sie fliegen wie Astronauten im Weltall umher. Da kann es schon passieren, dass sie nicht mehr gleich alt sind, wenn sie sich wieder treffen. Mit den Kenntnissen über die spezielle Relativitätstheorie, die wir bis hierher erworben haben, wollen wir eine dieser Reisen genauer verfolgen.

Von zwei Zwillingsgeschwistern, wir wollen sie Jakob und Luisa nennen, fliegt Luisa, die reiselustigere, mit einem Raumschiff mit 80% der Lichtgeschwindigkeit zu einem 8 Lichtjahre entfernten Stern[9], während Jakob auf der Erde bleibt.

Luisa startet im Jahre 2000 bei **P** in Abb.A3.1, erreicht im Jahre 2006 den Stern bei **Q**, kehrt dort sofort um Richtung Erde und erreicht die Heimat bei **R** im Jahre 2012. Auf der Erde sind indessen 20 Jahre vergangen, Jakob ist 20 Jahre älter geworden, während Luisa nur 12 Jahre älter geworden ist. Abgesehen von den technischen Schwierigkeiten, so hohe Geschwindigkeiten zu erreichen, ist die Geschichte durchaus realistisch. Auf Grund der unterschiedlichen relativen Geschwindigkeiten laufen die Uhren auf der Erde und im Raumschiff unterschiedlich, so dass tatsächlich Luisa nach ihrer 20-jährigen Reise 8 Jahre jünger ist als ihr Zwillingsbruder Jakob. Das scheinbar paradoxe an der Geschichte ist die Tatsache, dass nur Jakob älter geworden ist, obwohl wir doch gesehen haben, dass es genauso

---

[9] *Der Stern Sirius ist 8,6 Lichtjahre von uns entfernt.*

gut umgekehrt sein könnte, wenn man in Betracht zieht, dass ja für Luisa ihr Raumschiff ruht, während die Erde sich mit 80% der Lichtgeschwindigkeit zuerst von ihr sich fortbewegt, dann aber auch mit 80% der Lichtgeschwindigkeit wieder zu ihr kommt. Dass die Verhältnisse nur scheinbar paradox sind, wird meistens damit erklärt, dass die beiden Sichtweisen nicht symmetrisch sind. Luisa ist auf ihrer Reise mehrmals Beschleunigungen ausgesetzt. Zunächst muss sie auf Reisegeschwindigkeit beschleunigt werden. Dann, wenn sie am Stern angekommen ist und die Rückreise antritt, erfährt sie wieder eine Beschleunigung. Und schließlich muss sie bei der Landung auf der Erde wieder ihre Geschwindigkeit ändern. Die beschleunigten Bewegungen sind aber Gegenstand der allgemeinen Relativitätstheorie.

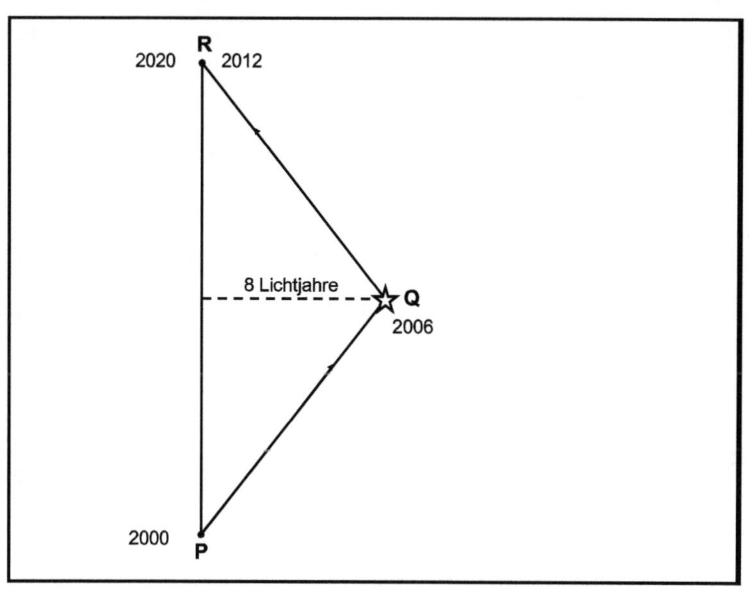

Abb.A3.1. Zwillingsparadoxon.

*Luisa startet im Jahre 2000 bei **P**, erreicht im Jahre 2006 den Stern bei **Q**, kehrt dort sofort um Richtung Erde und erreicht die Heimat bei **R** im Jahre 2012. Auf der Erde sind indessen 20 Jahre vergangen, Jakob ist 20 Jahre älter geworden, während Luisa nur 12 Jahre älter geworden ist. Die Bewegung eines Teilchens mit Lichtgeschwindigkeit würde durch eine Linie unter 45⁰ dargestellt werden. Daher ist die Linie von **P** nach **Q** (Luisas Reiseweg) etwas steiler, da sie nur mit 80% der Lichtgeschwindigkeit reist.*

Die spezielle Relativitätstheorie behandelt nur gleichförmige Bewegungen. Und damit wird man im Dunklen gelassen, obwohl die Beschleunigungsvorgänge immer weniger ins Gewicht fallen sollten, je länger die gesamte Reise dauert.

Wir werden sehen, dass das Paradoxon sich auch im Rahmen der speziellen Relativitätstheorie lösen lässt, wenn man berücksichtigt, dass bei dem ganzen Vorgang drei System beteiligt sind, die alle drei sich gleichförmig bewegen. D.h. man muss nicht die allgemeine Relativitätstheorie bemühen, um zu verstehen, dass tatsächlich Luisa jünger geblieben ist.

Dazu schauen wir uns zunächst einmal die beiden Effekte, die Zeitdilatation und den Dopplereffekt, an, so wie sie sich einmal für Luisa und dann für Jakob darstellen (Abb.A3.2 und Abb.A3.3)

Wenn Luisa von **P** auf der Erde Richtung **Q** startet, synchronisieren die Zwillinge ihre Uhren, so dass sie beim Start die gleiche Zeit anzeigen, z.B. 1. Januar 2000, 00:00 Uhr.

Danach tauschen sie in regelmäßigen Zeitabständen Signale aus, so dass sie während der Reise ständig die Zeiten der beiden Systeme vergleichen können.

Luisa sendet zu einem Zeitpunkt t'_1 ein Signal zur Erde an Jakob mit der Information, was ihre Uhr im Raumschiff anzeigt. Nach einer Zeitspanne $\Delta t' = t'_2 - t'_1$ sendet sie wieder ein Signal an Jakob mit der Information, was ihre Uhr im Raumschiff jetzt anzeigt. Das erste Signal erreicht die Erde zum Zeitpunkt t_1. Das zweite Signal erreicht die Erde zum Zeitpunkt t_2. Das zweite Signal braucht aber die zusätzliche Zeit $\frac{\Delta l}{c}$, weil das Raumschiff sich inzwischen um die Distanz Δl von der Erde weiter entfernt hat, wobei

$$\Delta l = \beta \times c \times \Delta t' \quad \text{mit} \quad \beta = \frac{v}{c} \text{ wie früher}$$

Da das zweite Signal die zusätzliche Zeit $\frac{\Delta l}{c}$ braucht, um zur Erde zu gelangen, ist

$$\Delta t = t_2 - t_1 = t'_2 - t'_1 + \frac{\Delta l}{c} = \Delta t' \times (1 + \beta) \qquad \text{(A3.1)}$$

Das beschreibt den klassischen Dopplereffekt, den wir auch in Gleichung (A2.8) mit $\gamma = 1$ kennengelernt haben.

Verabredet haben Luisa und Jakob, dass sie sich alle 60 Minuten ein Lichtsignal mit den entsprechenden Informationen schicken; das wird in Abb.A3.2 und Abb.A3.3 gezeigt.

Für $\beta = 0{,}8$ und $\Delta t' = 60$ Minuten wird $\Delta t = 108$ Minuten, d.h. das zweite Signal sollte nach 108 Minuten auf der Erde ankommen. Jakob wartet jedoch vergeblich. Er hatte vergessen, dass Luisas Uhr auf Grund der relativistischen Zeitdilatation langsamer geht als seine Uhr auf der Erde. Relativistisch läuft unabhängig vom Dopplereffekt auf Grund der Zeitdilatation die Uhr im Raumschiff von der Erde aus gesehen langsamer, (A2.6)

$$\Delta t = t_2 - t_1 = \gamma \times (t'_2 - t'_1) = \gamma \times \Delta t'$$

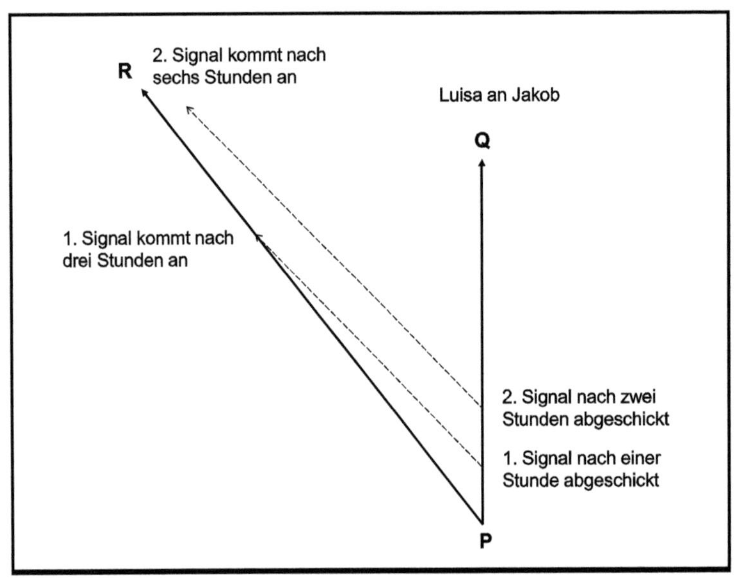

Abb.A3.2. Luisa sendet Signale an Jakob.

Luisa sendet jede volle Stunde ein Signal mit Information ihrer Uhrzeit an Jakob. Die Signale kommen bei Jakob an mit Abständen von drei Stunden. Die Erde mit Jakob entfernt sich vom Raumschiff mit Luisa mit einer Geschwindigkeit von 80% der Lichtgeschwindigkeit, dargestellt durch den etwas steileren Verlauf der Bahn der Erde. Die Signale werden mit Lichtgeschwindigkeit übermittelt, dargestellt durch die Steigung von 45° der Bahn (gestrichelt), da die Zeit in Jahren und die Abstände in Lichtjahren gerechnet werden.

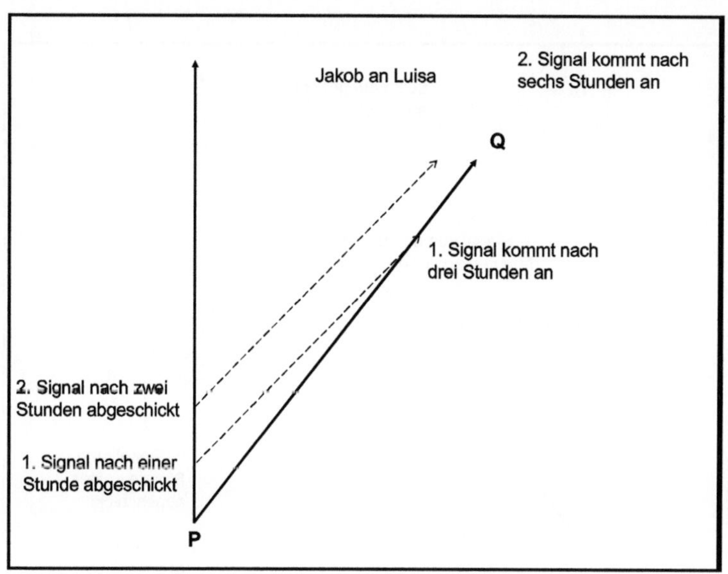

Abb.A3.3. Jakob sendet Signale an Luisa.

Auch Jakob sendet jede volle Stunde ein Signal mit Information seiner Uhrzeit an Luisa. Die Signale kommen bei Luisa an in Abständen von drei Stunden, reziprok zu den Verhältnissen in Abb.A3.2. Für jeden der beiden scheint die Uhr des anderen dreimal so langsam zu gehen.

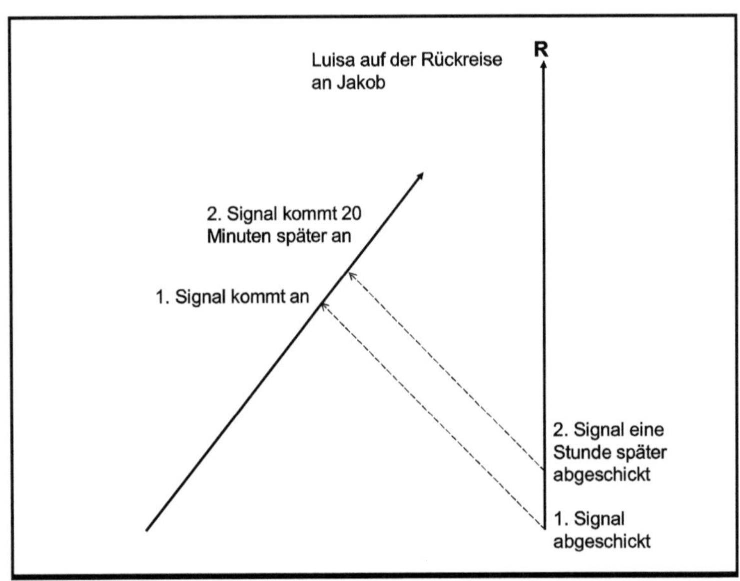

Abb.A3.4. Luisa sendet von der Rückreise Signale an Jakob.

Auf der Rückreise sendet Luisa weiterhin jede volle Stunde entsprechende Signale an Jakob. Die Signale kommen jetzt an mit Abständen von 20 Minuten, d.h. für Jakob scheint die Uhr Luisas dreimal schneller zu gehen.

d.h. wenn $\Delta t'$ Minuten im Raumschiff ablaufen, laufen auf der Erde Δt Minuten ab. In den 108 Minuten auf der Erde sind also noch nicht 60 Minuten im Raumschiff vergangen, sondern nur $60/\gamma$ Minuten. $\Delta t'$ ist daher in der vorigen Gleichung (A3.1) durch $\dfrac{\Delta t'}{\gamma}$ zu ersetzen,

$$t_2 - t_1 = \Delta t' \times (1 + \beta)/\gamma$$

oder

$$\Delta t = \Delta t' \times \sqrt{\frac{1+\beta}{1-\beta}} \qquad (A3.2)$$

Aus den 108 Minuten, die sich aus der klassischen Betrachtung ergaben, werden 180 Minuten, wenn der relativistische Effekt, die Zeitdilatation, berücksichtigt wird. Wenn Luisa nach 60 Minuten ihr Signal an Jakob schickt, kommt das erst nach 180 Minuten bei Jakob an. Das zweite Signal kommt also nach 180 Minuten auf der Erde an mit der Information, dass im Raumschiff nur 60 Minuten vergangen sind, Luisas Uhr im Raumschiff erscheint für Jakob 3 Mal langsamer zu gehen.

Die Gleichung (A3.2) ist die zu (A2.11) analoge Gleichung. Man erkennt die Reziprozität der beiden Fälle für $\beta > 0$ und $\beta < 0$. Wenn wir das ganze Verfahren auf die Rückreise, wo $\beta < 0$ ist, anwenden, ergibt sich, Luisas Uhr im Raumschiff erscheint für Jakob 3 Mal schneller zu gehen. Wenn die Signale alle 60 Minuten von der Rückreise aus dem Raumschiff an die Erde gesendet werden, erreichen die Signale die Erde alle 20 Minuten mit der Information, dass Luisas Uhr im Raumschiff jeweils 60 Minuten gelaufen ist (Abb. A3.4,

Rückreise, reziprok zu Abb.A3.2).

Nun können wir uns auch den Gesamtverlauf von Luisas Reise anschauen. Als erstes schauen wir uns an, wie Luisas Reise aus Jakobs Sicht verläuft (Abb.A3.1).

Luisa startet im Jahre 2000 mit der Geschwindigkeit des Raumschiffes $v = 0,8\,c$ in **P** auf der Erde, die jetzt als ruhendes System gelten soll, Abb.A3.1. Der Stern **Q** gehört mit zum ruhenden System. Der Abstand, die 8 Lichtjahre, zwischen der Erde und dem Stern soll konstant sein. Luisas Raumschiff ist das sich mit der Geschwindigkeit v bewegte System. Damit ist $\gamma = \dfrac{1}{0,6} = 1,666\ ....$ (aus Formel A2.4 im Anhang A2 mit $\beta = 0,8$). Wenn Luisa beim Stern **Q**, der 8 Lichtjahre von der Erde entfernt ist, ankommt, schickt sie ihr Signal an die Erde, dass sie gut angekommen ist. Dieses Signal erreicht Jakob im Jahre 2018 mit der Information, dass Luisas Uhr bei der Ankunft am Stern **Q** das Jahr 2006 zeigt. Sie hat also nur 6 Jahre für die Reise gebraucht, obwohl der Stern 8 Lichtjahre entfernt ist. Die Uhr im Raumschiff scheint also für Jakob insgesamt dreimal langsamer zu gehen, wobei ein Teil davon auf den klassischen Dopplereffekt und ein Teil auf die relativistische Zeitdilatation zurückzuführen ist. Dass Luisa trotzdem nicht mit Überlichtgeschwindigkeit gereist ist, werden wir gleich sehen, wenn wir die Reise aus Luisas Sicht betrachten. Bei der Ankunft am Stern **Q** kehrt Luisa um in Richtung Erde, d.h. sie steigt um in ein drittes System, das sich mit der Geschwindigkeit $-v$ gegenüber dem ruhenden System Erde bewegt. Sie kommt auf der Erde an im Jahre 2020 und ihre Uhr zeigt, dass sie vom Stern Q bis zur Erde wieder 6 Jahre gebraucht hat. Wenn sie sich wieder im Jahre 2020 mit Jakob trifft ist Jakob 20 Jahre älter geworden, während Luisa nur 12 Jahre älter geworden ist, die 12 Jahre, die sie für die Reise gebraucht hat. Jakob hat im Jahre 2018 das Signal bekommen, dass Luisa beim Stern Q angekommen war, und im Jahre 2020 haben sie sich auf der Erde wieder getroffen, d.h. für Jakob scheint die Schiffsuhr auf der Rückreise dreimal schneller gegangen zu sein als seine eigene Uhr auf der Erde.

Nun schauen wir uns an, wie die Reise aus Luisas Sicht verläuft. Luisas Raumschiff ist nun das ruhende System und die Erde ist das System, das sich mit der Geschwindigkeit v vom Raumschiff wegbewegt. Wir müssen die Reise aus Luisas Sicht in zwei Teile aufteilen, Abb.A3.5a und b, da Luisa beim Stern Q in das dritte System umsteigt. Der Stern Q gehört jetzt mit der Erde zum bewegten System. Die Reise Luisas in diesen beiden Abbildungen entsprechend Abb.A2.4 im Anhang A2 als senkrechte Linie dargestellt. Für Luisa ist der Abstand zwischen der Erde und dem Stern Q durch die Längenkontraktion (A2.7) geschrumpft auf 4,8 Lichtjahre. Deshalb braucht sie nur 6 Jahre für die Reise, die für Jakob sich über 8 Lichtjahre erstreckt. Ihre Schiffsuhr zeigt bei der Ankunft beim Stern Q das Jahr 2006, so wie sie das Jakob übermittelt.

Natürlich hat auch Jakob von der Erde aus Signale mit Informationen an Luisa geschickt, und gerade als Luisa beim Stern Q angekommen ist, kommt ein Signal von Jakob an mit der Information, dass Jakobs Uhr das Jahr 2002 zeigt, d.h. für Luisa geht Jakobs Uhr dreimal langsamer als ihre eigene Uhr. Für die Rückreise steigt Luisa um in das dritte System mit ihrem Raumschiff und braucht dafür wieder 6 Jahre bis sie auf der Erde landet. Ihre Schiffsuhr zeigt das Jahr 2012, die Uhr auf der Erde zeigt das Jahr 2020, d.h. während sie 6 Jahre auf der Rückreise unterwegs war, sind auf der Erde 18 Jahre vergangen, d.h. auf der Rückreise scheint für Luisa Jakobs Uhr dreimal so schnell gegangen zu sein als ihre eigene Uhr im Raumschiff, das ja für Luisa das ruhende System ist.

Wir sehen daraus, für den Beobachter scheint die bewegte Uhr langsamer als die eigene Uhr zu gehen, wenn sich von ihm wegbewegt. Wenn die Uhr auf ihn zukommt, scheint sie schneller zu gehen als die eigene Uhr. Das entspricht der Rotverschiebung bzw. der Blauverschiebung, die wir in (A2.11) kennengelernt haben.

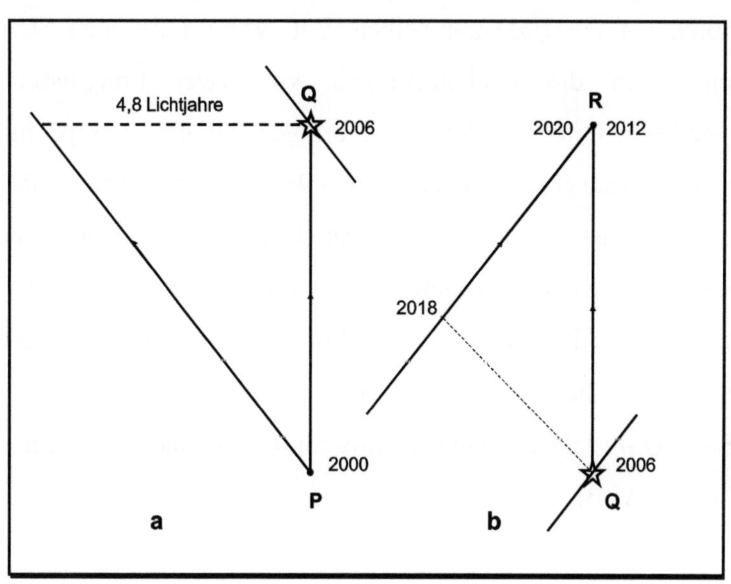

Abb.A3.5. Luisas gesamte Reise aus ihrer Sicht.

Luisa braucht also für die Hinreise zum 4,8 Lichtjahre entfernten Stern 6 Jahre und für die Rückreise zur Erde ebenso 6 Jahre.
Jakob erhält im Jahre 2018 von Luisa, als sie beim Stern Q angekommen ist und sofort umsteigt auf die Rückreise zur Erde, das Signal, dass ihre Uhr das Jahr 2006 zeigt.

Wir wollen uns nun dem Begriff der Gleichzeitigkeit in diesen beiden Systemen zuwenden, Erde und Luisas Raumschiff. Was passiert eigentlich auf der Erde zur selben Zeit, wenn Luisa den Stern **Q** erreicht? Um die Gleichzeitigkeit von zwei Ereignissen an verschiedenen Orten zu definieren bringen wir eine Lampe in den Raum, so dass sie genau auf dem halben Wege zwischen Erde und Stern **Q** positioniert ist. Die Lampe befindet sich also 4 Lichtjahre von der Erde entfernt und ebenso 4 Lichtjahre vom Stern **Q** entfernt. Die Lampe sendet - wie ein Leuchtturm - im Jahre 2006 ein Signal nach beiden Seiten aus, das die Erde im Jahre 2010 erreicht, und gleichzeitig auch den Stern **Q** im Jahr 2010 gleichzeitig mit Luisas Raumschiff im Jahre 2010 (Abb. A3.6)

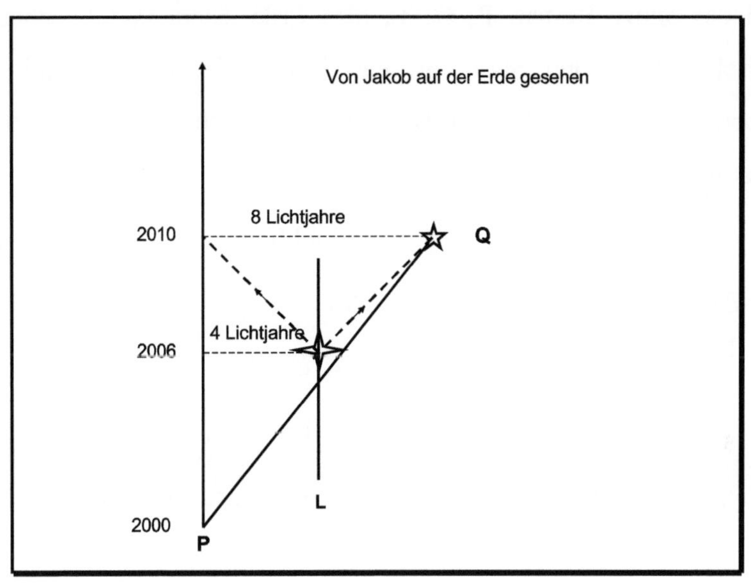

Abb.A3.6. Von Jakob auf der Erde gesehen.

*Zwischen der Erde und dem Stern **Q** ist auf dem halben Wege eine Lampe angebracht, die im Jahre 2006 einen Lichtpuls in Richtung Erde und einen zweiten Lichtpuls in Richtung Stern **Q** sendet. Die Lichtpulse kommen beim Stern **Q** und bei der Erde gleichzeitig im Jahre 2010 an. Erde, Stern **Q** und Lampe **L** gehören zum selben System, das für Jakob das ruhende System ist.*

Wir betrachten jetzt Luisas Raumschiff als das ruhende System **S** und das ganze System **P**, **Q**, **L**, also Erde, Stern und Leuchtturm zwischen Erde und Stern, als das System **S'**, das sich mit der Geschwindigkeit $-v$ bewegt. Der Abstand zwischen Erde **P** und Stern **Q** ist für Luisa (A2.7)

$$\Delta x = \frac{\Delta x'}{\gamma} = 4,8 \text{ Lichtjahre}$$

Mit $\Delta x' = 8$ Lichtjahre und $\gamma = 1,666\ldots$

Für Luisa sind die 10 Jahre im System **S'** geschrumpft auf

$$\Delta t = \frac{\Delta t'}{\gamma} = 0,6 \times 10 = 6 \text{ Jahre}$$

welches übereinstimmt mit dem Weg s, den Luisa zurücklegt

$$s = 0,8 \times c \times t = 0,8 \times c \times 6 = 4,8 \text{ Lichtjahre}$$

Der Leuchtturm **L** liegt für Luisa 2,4 Lichtjahre vom Stern **Q** entfernt. Das Lichtsignal braucht t_1 Jahre um Q zu erreichen; aber Q kommt ja dem Lichtsignal mit der Geschwindigkeit v entgegen, d.h. der Weg des Lichtsignals ist $c \times t_1 = 2,4 - v \times t_1$, woraus $t_1 = 1,3 \ldots$ Jahre folgt, d.h. das Lichtsignal wird im Jahre 2004,6... (d.h. am 2. Sept. 2004) von **L** ausgesandt, damit es gleichzeitig mit Luisa im Jahre 2006 am Stern **Q** ankommt.

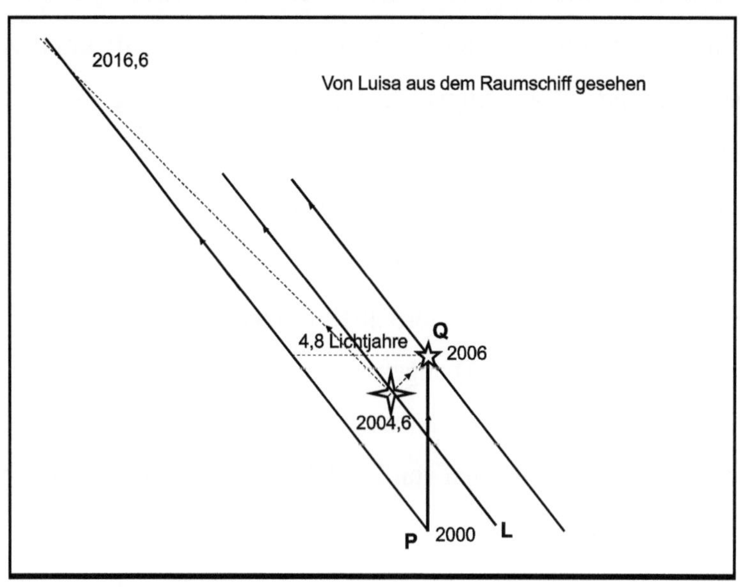

Abb.A3.7. Von Luisa aus dem Raumschiff gesehen.

*Für Luisa gehören die Erde, der Stern **Q** und die Lampe **L** zum System, das sich für sie nach links bewegt. Die Lampe sendet ihre beiden Lichtpulse im Jahre 2004,6 aus, damit der Lichtpuls in Richtung **Q** gleichzeitig mit Luisa im Jahre 2006 ankommt. Der Lichtpuls, der Richtung Erde geschickt wurde, kommt zur Erde sehr viel später an, erst im Jahre 2016,6. Zum Unterschied von Jakob kommen die beiden Lichtpulse aus Luisas Sicht nicht gleichzeitig an.*

Wann erreicht für Luisa das Lichtsignal die Erde?

Um die Erde zu erreichen braucht das Signal die Zeit t_2 angefangen bei 2004,6… In derselben Zeit t_2 ist die Erde um $v \times t_2$ weitergewandert. Das Signal muss also den Weg $2,4 + v \times t_2$ zurücklegen, d.h. $c \times t_2 = 2,4 + v \times t_2$, woraus $t_2 = 12$ Jahre folgt, d.h. das Lichtsignal erreicht für Luisa die Erde im Jahre $2004,6 + 12 = 2016,6$ (d.h. am 2. Sept. 2016).

1,3… Jahre später, im Jahre 2018 erreicht Jakob das Signal von Luisa, dass sie beim Stern **Q** angekommen ist. Das stimmt überein mit der Zeit, die das Signal von **L** braucht um bei **Q** anzukommen. Für Jakob braucht das Lichtsignal von **L** 4 Jahre, um die Erde zu erreichen; für Luisa braucht das Signal 12 Jahre, um die Erde zu erreichen.

Die beiden Ereignisse, die in Jakobs System **P, Q, L** gleichzeitig sind, die Ankunft des Lichtsignals von **L** auf der Erde und die Ankunft beim Stern **Q**, sind in Luisas System, im Raumschiff, nicht gleichzeitig, sie liegen $10\,{}^2/_3$ Jahre auseinander.

Dasselbe Ergebnis bekommen wir, wenn wir die entsprechenden Werte in Gleichung A2.14 einsetzen,

$$t_2 - t_1 = \gamma \times \beta^2 \times (x'_1 - x'_2)/v$$

mit $\gamma = 1{,}66667$, $\beta^2 = 0{,}64$, $x'_1 - x'_2 = 8$ und $v = 0{,}8$. Da wir die Zeiten in Jahre und die Strecken in Lichtjahre angeben ist $c = 1$.

Wir sehen, die spezielle Relativitätstheorie lässt sich durch einfache Mathematik, wie sie in der Mittelstufe behandelt wird, beschreiben. Die allgemeine Relativitätstheorie, die zusätzlich die Gravitation behandelt, ist allerdings nur mit sehr viel höherem mathematischen Aufwand zu beschreiben.

Eine technische Schwierigkeit tritt allerdings bei der Signalübertragung mit Lichtimpulsen auf. Nehmen wir an, Luisa benutzt als Lichtquelle eine Natriumdampflampe. Die sendet einen gelben Lichtimpuls aus mit der Wellenlänge 589 nm. Das ist die wohlbekannte Na-D-Doppellinie.

Wenn Jakob diesen Lichtimpuls empfängt, sieht er kein gelbes Licht, sondern einen Lichtimpuls, der nach Gleichung (A2.11) deutlich gegen das rote Ende des Spektrums verschoben ist.

Bei Luisas Geschwindigkeit von 80% der Lichtgeschwindigkeit, d.h. $\beta = 0,8$, ist die Frequenz zu 1/3 geschrumpft, d.h. die Wellenlänge ist 3 mal so groß, 1767 nm, also im tiefen Infrarot.

Wir wollen uns nun an Hand von Luisas Reise mit dem Begriff der Gleichzeitigkeit beschäftigen. Um die Gleichzeitigkeit von zwei Ereignissen an verschiedenen Stellen festzustellen - nicht nur zu errechnen – brauchen wir eine Signalübertragung, die momentan erfolgt, also nicht nur mit Lichtgeschwindigkeit, sondern unendlich schnell. Auch wenn wir inzwischen wissen, dass es eine solche momentane Informationsübertragung nicht gibt, können wir uns gedanklich damit auseinandersetzen, um die Gleichzeitigkeit darzustellen.

In der Galilei Transformation (Abb.A3.8) ist diese momentane Signalübertragung durch die horizontalen Linien dargestellt, die gleichzeitig auch die universelle Uhr darstellen, die für alle Systeme gilt.

Inzwischen wissen wir, dass die Galilei Transformation nicht die realen Verhältnisse beschreibt, zumindest nicht bei den Geschwindigkeiten, die nahe an die Lichtgeschwindigkeit kommen. Wir müssen deshalb die Verhältnisse mit der Lorentz Transformation beschreiben (Abb.A3.9). Hier betrachten wir die beiden Ereignisse, J_1 = Jakob schreibt das Jahr 2010, und das Ereignis L_1 = Luisa erreicht den Stern **Q** und schreibt das Jahr 2006. Diese beiden Ereignisse sind in Jakobs System (Erde) gleichzeitig. Sie sind aber nicht gleichzeitig in Luisas System (Raumschiff). In Luisas System schreibt Jakob das Jahr 2003,6 (J_2 = Juli 2003) gleichzeitig mit Luisas Ankunft am Stern **Q**. In Luisas System sind also die beiden Ereignisse J_2 und L_1 gleichzeitig, während die beiden Ereignisse J_1 und L_1 nicht gleichzeitig sind, um mehr als 6 Jahre auseinanderliegen.

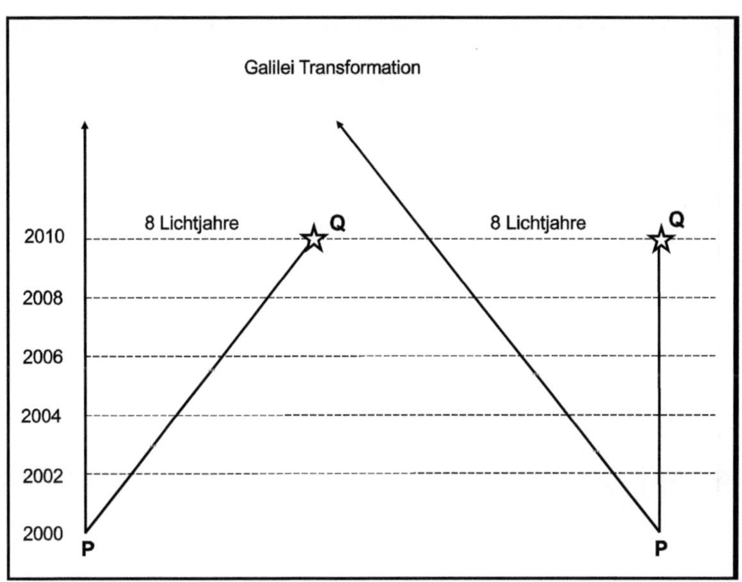

Abb.A3.8. Gleichzeitigkeit von Ereignissen in der Galilei Transformation.

Bei Gültigkeit der Galilei-Transformation hätten wir keine Probleme mit der Gleichzeitigkeit. Luisa würde 10 Jahre brauchen für die Reise zum 8 Lichtjahre entfernten Stern Q, sowohl aus Jakobs als auch aus Luisas Sicht. Die allgemeine Weltenuhr ist durch die horizontalen Linien, die die Gleichzeitigkeit von Ereignissen kennzeichnet, dargestellt.

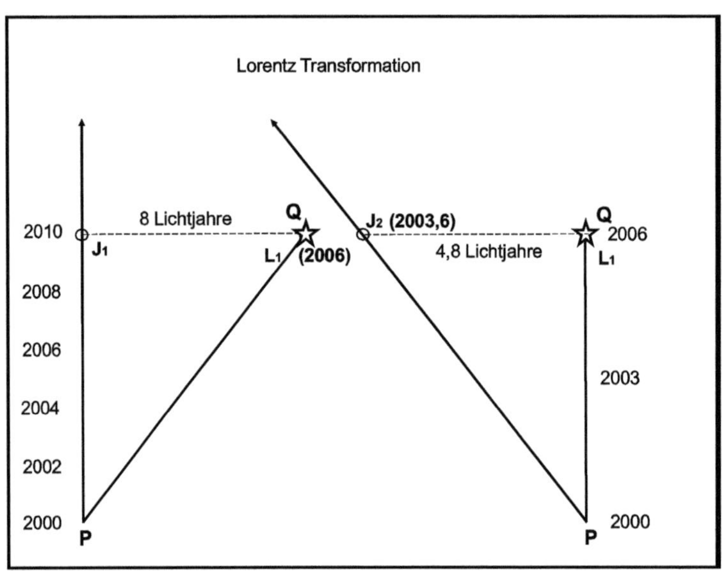

Abb.A3.9. Gleichzeitigkeit von Ereignissen in der Lorentz Transformation.

*Die beiden Ereignisse J_1 = Jakob schreibt das Jahr 2010, und das Ereignis L_1 = Luisa erreicht den Stern **Q** und schreibt das Jahr 2006, sind in Jakobs System (Erde, links in der Abbildung) gleichzeitig.*

*In Luisas System (Raumschiff, rechts in der Abbildung) sind sie aber nicht gleichzeitig. In Luisas System schreibt Jakob das Jahr 2003,6 gleichzeitig mit ihrer Ankunft am Stern **Q**. In Luisas System sind also die beiden Ereignisse J_2 und L_1 gleichzeitig.*

Anhang A4, Masse, Impuls und Energie.

1. Massenzunahme.

Nachdem wir gesehen haben, dass die kinematischen Größen, Zeit, Längen, Geschwindigkeit relative Größen sind, abhängig vom jeweiligen System, in dem sie gemessen werden, wollen wir uns die Masse genauer ansehen.

Wenn die Masse m sich in Ruhe befindet in dem System **S**, in dem auch der Beobachter sich in Ruhe befindet, dann sieht er die Masse

$$m = m(0) = m_0$$

Wenn die Masse sich jedoch mit Geschwindigkeit v bewegt, sieht der Beobachter diese Masse eventuell verändert. Der einzige Parameter, der eine solche Veränderung bewirken könnte, ist die Geschwindigkeit v; sonst ist ja nichts geändert gegenüber dem Ruhezustand. Daher ist es vernünftig anzunehmen, dass die Masse nur von der Geschwindigkeit abhängt,

$$m = m(v) \tag{A4.1}$$

Wir untersuchen nun mit den bisher gewonnenen Erkenntnissen den Stoß zweier Kugeln, *1* und *2*, mit den Massen m_1 und m_2 (Abb. A4.1).

Für die nachfolgende Behandlung der Massen-, Impuls- und Energiebilanzen betrachten wir den Stoß zwischen zwei Körpern, z.B. Billardkugeln oder Stahlkugeln für den elastischen Stoß oder Wachs-

oder Kittkugeln für den unelastischen Stoß. Wir werden je nach Bedarf das Aufeinanderprallen dieser beiden Körper behandeln, die Bilanzen vor dem Stoß, oder das Auseinanderfliegen der beiden Körper nach einem elastischen Stoß. Beim inelastischen Stoß haben wir es nach dem Stoß mit einem größeren Körper zu tun, der die ganze Masse, den Impuls und die Energie enthält, die vor dem Stoß den beiden einzelnen Körpern gehörten.

Wir betrachten die Vorgänge von mehreren Systemen aus. Der eigentliche Vorgang findet in einem Eisenbahnabteil statt. Das Abteil, das sich mit einer bestimmten Geschwindigkeit v_0 durch die Landschaft bewegt, ist speziell für einen Experimentalphysiker reserviert, der die Stoßexperimente durchführt und beobachtet. Er richtet die Experimente auch so ein, dass für ihn im Abteil der Schwerpunkt der beiden Körper - Billardkugeln oder Wachskugeln je nach Bedarf – in Ruhe bleibt, sich also mit der selben Geschwindigkeit gegenüber der Landschaft draußen bewegt wie der Zug. Deshalb nennen wir dieses System das Schwerpunktsystem und bezeichnen es – um nicht so viel schreiben zu müssen – mit **S'**, und alle Größen, die vom Physiker in **S'** beobachtet werden, Koordinaten, Geschwindigkeiten, Masse usw., versehen wir ebenfalls mit dem Strich.

Der Zug bewegt sich also mit der Geschwindigkeit v_0 auch relativ zum Bahnsteig der Station, wo er gerade durchfährt. Auf dem Bahnsteig steht sein Kollege und beobachtet die Vorgänge, die sich im Zugabteil abspielen. Er sieht alles sich mit der Geschwindigkeit v_0 nach rechts -

in Richtung der positiven x-Achse – bewegen. Sein System, den Bahnsteig, nennen wir das Laborsystem und bezeichnen es mit **S** (ohne Strich). Alle Größen, die der Kollege auf dem Bahnsteig beobachtet, die im vorüberrauschenden Zugabteil auftreten, werden mit denselben Buchstaben aber ohne Strich bezeichnet. Wir kennen das ja schon von den Transformationsgesetzen.

Wir sprechen absichtlich nicht vom „ruhenden" oder „bewegten" System, weil wir nicht feststellen können, welches das „ruhende" System und welches das „bewegte" System ist. Wir können nur sagen, die beiden Systeme **S** und **S'** bewegen sich relativ zu einander mit der Geschwindigkeit v_0.

Und nun zu den Experimenten, die der Physiker im Eisenbahnabteil - System **S'** - durchführt[10].

Im System **S'** werden zwei Körper mit den Massen m_1 und m_2 mittels einer Feder, auseinandergetrieben, so dass sie sich voneinander entfernen mit den Geschwindigkeiten v_1' und v_2' relativ zum in **S'** ruhenden Schwerpunkt. Ob dieser Vorgang durch einen elastischen Stoß der Kugeln zustande kommt, oder ob sie aus dem Ruhezustand mittels einer gespannten Feder auseinandergetrieben werden, ist für die anschließende Betrachtung gleichgültig. Wir kümmern uns nur um den weiteren Vorgang nach dem Stoß bzw. nach dem Ausklinken der Feder.

---

[10] *Moses Fayngold, Special Relativity and How it Works, Viley VCH, Weinheim 2008*

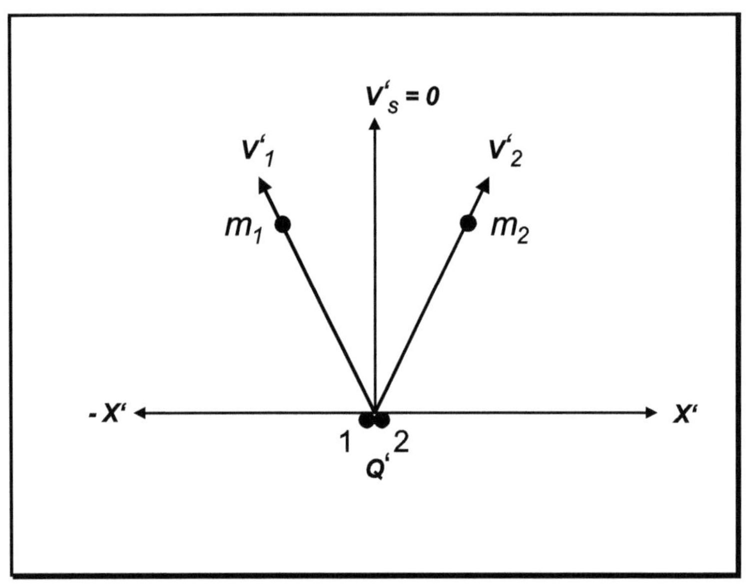

Abb.A4.1. Zur Massenzunahme.

*Im System **S'**, im Schwerpunksystem, d.h. im Zugabteil, werden zwei Körper, 1 und 2, durch eine Feder zwischen ihnen auseinandergetrieben, so dass sie sich mit den Geschwindigkeiten v'_1 und v'_2 voneinander entfernen. Dabei bleibt der gemeinsame Schwerpunkt Q' im System **S'** in Ruhe.*

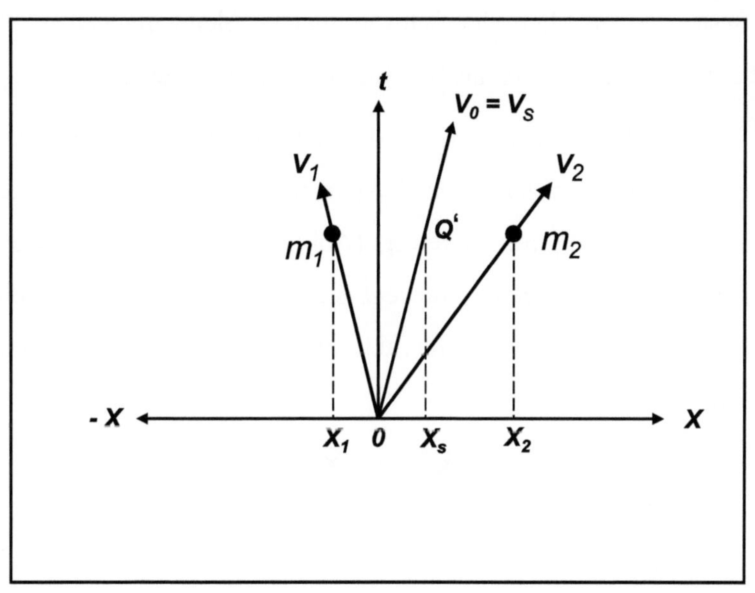

Abb.A4.2. Zur Massenzunahme.

*Derselbe Vorgang wird hier im System **S**, im Laborsystem, d.h. vom Bahnsteig aus gesehen, beobachtet. Das System **S'** bewegt sich mit der Geschwindigkeit v_0 mitsamt den beiden Massen und mit dem Schwerpunkt Q' nach rechts.*

Da der Gesamtimpuls gleich 0 vor dem Ausklinken der Feder ist, ist er auch nach dem Ausklinken gleich 0, da der Impulserhaltungssatz im System S' gilt. D.h. der Schwerpunkt Q' bleibt im System S' in Ruhe. S' wird daher auch als Schwerpunktsystem bezeichnet.

Nun betrachten wir den Vorgang vom System S aus (vom Bahnsteig aus), in welchem das System S' (der Zug) sich nach rechts mit der Geschwindigkeit v_0 bewegt (Abb. A4.2). Der Schwerpunkt Q, der in S' in Ruhe bleibt, bewegt sich in S daher mit derselben Geschwindigkeit v_0 nach rechts, d.h. die Koordinate x_s von Q ist zu einer bestimmten Zeit t

$$x_s = v_0 \times t$$

Die beiden Massen bewegen sich mit den Geschwindigkeiten v_i, d.h. deren Koordinaten in S sind

$$x_i = v_i \times t \quad \text{für } i = 1 \text{ und } 2$$

Die Koordinate des Schwerpunktes Q ist

$$x_s = \frac{m_1 \, (v_1) \times x_1 + m_2 \, (v_2) \times x_2}{m_1 \, (v_1) + m_2 \, (v_2)}$$

Setzen wir die x_i ein, erhalten wir

$$\frac{m_1(v_1)}{m_2(v_2)} = \frac{v_0 - v_2}{v_1 - v_0}$$

Der Einfachheit halber nehmen wir an, die beiden Massen m_i seien vor dem Ausklinken gleich, $m_i = m$. Dann ist auch im Schwerpunktsystem S'

$$v'_1 + v'_2 = 0$$

da der Gesamtimpuls vor und nach dem Ausklinken der Massen gleich 0 ist.

D.h. wir setzen die Gültigkeit des Impulserhaltungssatzes im Schwerpunktsystem voraus.

Wenn wir jetzt v_1 und v_2 nach der Beziehung für die Addition von Geschwindigkeiten (A2.12) einsetzen, erhalten wir mit $v'_2 = -v'_1$

$$\frac{m\ (v_2)}{m\ (v_1)} = \frac{1 + \dfrac{v'_1 v_0}{c^2}}{1 - \dfrac{v'_1 v_0}{c^2}}$$

Mit der Funktion $\gamma(v)$ aus (A2.4),

$$\gamma(v) = (1 - \beta^2)^{-\frac{1}{2}} \quad \text{mit} \quad \beta = \frac{v}{c}$$

für die die Beziehungen gelten

$$\gamma(v_i) = \gamma(v_0) \times \gamma(v'_i) \times \left(1 + \frac{v'_i \times v_0}{c^2}\right) \quad \text{für } i = 1 \text{ und } 2$$

wird

$$\frac{m\ (v_2)}{m\ (v_1)} = \frac{\gamma(v_2)}{\gamma(v_1)}$$

Setzen wir hier $v_1 = 0$, d.h. der Zug bewegt sich gerade so, dass $v'_1 = v_0$ ist, dann wird, da $\gamma(0) = 1$ ist,

$$m(v) = m_0 \times \gamma(v) \qquad\qquad (A4.2)$$

mit $v = v_2$ und $m_0 = m(0)$ als Ruhemasse.

Das ist die gesuchte Beziehung (A4.1), die beschreibt, wie die Masse eines Körpers sich mit der Geschwindigkeit ändert.

Wir haben bei der Ableitung die Gültigkeit des Impulserhaltungssatzes im Schwerpunktsystem **S'** vorausgesetzt, jedoch nie etwas Explizites über einen Impulserhaltungssatz im Laborsystem **S** gesagt. Das bleibt noch zu untersuchen, obwohl der Satz natürlich schon in der Ableitung, die die Bewegung des Schwerpunktes berücksichtigt, implizite enthalten ist. D.h. die Massenzunahme mit der Geschwindigkeit lässt sich aus den Beziehungen der Lorentz-Transformation zeigen nur mit der zusätzlichen Annahme der Gültigkeit des Impulserhaltungssatzes im Schwerpunktsystem, jedoch ohne Aussage über den Impuls im Laborsystem.

2. Energie gleich Masse.[11]

Im System **S'** befinde sich ein ruhender Körper mit der Energie E_0'. Das System **S'**, bewege sich relativ zum System **S** mit der Geschwindigkeit v_0. Hier in **S** ist die Energie E_0 (Abb. A4.3).

Ich halte mich hier absichtlich – mit entsprechenden Ergänzungen - an den Wortlaut der Arbeit von A. Einstein aus dem Jahre 1905, weil mir der am einfachsten und klarsten erscheint.

Wir setzen uns also wieder in unseren Waggon, das System **S'**, und betrachten hier einen ruhenden Körper, z.B. ein Atom im

---

[11] *A.Einstein, Ann. d. Phys., Bern, Sept. 1905*

angeregten Zustand mit der Energie E_0'. Der Zug bewege sich wie früher mit der Geschwindigkeit v_0. Ein zweiter Beobachter auf dem Bahnsteig, im System **S**, sieht das bewegte Atom im angeregten Zustand mit der Energie E_0.

Dieser Körper, das angeregte Atom, sende in Richtung der x-Achse eine ebene Lichtwelle der Energie $\frac{1}{2}L'$ (in **S'** gemessen) und gleichzeitig eine gleich große Lichtmenge in die entgegengesetzte Richtung aus. Hierbei bleibt der Körper in **S'** in Ruhe. Nach der Lichtaussendung ist in **S'** (im Waggon)

$$E_0' = E_1' + \frac{1}{2}L' + \frac{1}{2}L'$$

und in **S** (Bahnsteig)

$$E_0 = E_1 + \frac{1}{2}L + \frac{1}{2}L$$

mit den Energien E_1' und E_1 des Körpers nach der Emission in **S'** bzw. in **S**, d.h. der Energieerhaltungssatz wird in beiden Systemen **S'** und **S** als gültig vorausgesetzt.

In **S'**, wo das Atom ruht, ist nach Aussage der Atomphysik

$$\frac{1}{2}L' = h\nu' \tag{A4.3}$$

d.h. die Energie des Lichtquants ist proportional zur Frequenz. In **S** ist

$$\frac{1}{2}L^{\pm} = h\nu^{\pm}$$

mit

$$v^{\pm} = \gamma(v_0) \times \left(1 \pm \frac{v_0}{c}\right) \times v'$$

wegen der Blau- bzw. Rotverschiebung (A2.10), " + " für die Emission in x-Richtung und " − " für die entgegengesetzte Richtung. Damit ist in **S**

$$E_0 = E_1 + \frac{1}{2}L^+ + \frac{1}{2}L^-$$

mit

$$\frac{1}{2}L^+ + \frac{1}{2}L^- = \gamma(v_0) \times hv' \times \left\{\left(1 + \frac{v_0}{c}\right) + \left(1 - \frac{v_0}{c}\right)\right\} = 2\,\gamma(v_0) \times hv'$$

d.h.

$$E_0 = E_1 + 2\,\gamma(v_0) \times hv' = E_1 + \gamma(v_0) \times L'$$

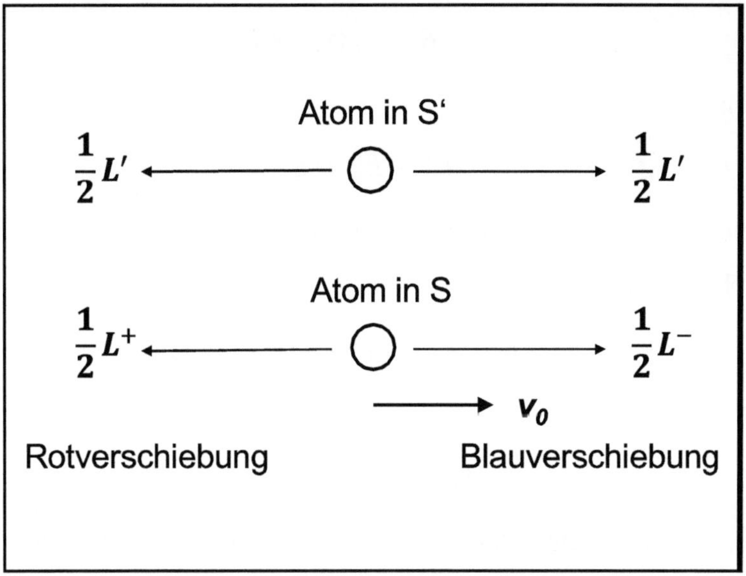

Abb.A4.3. Zur Masse – Energie – Beziehung.

*Oben ist ein Atom in Ruhe im System **S'** (z.B. Waggon) gezeigt, das in Richtung der x-Achse eine Lichtwelle der Energie ½ L' nach rechts und gleichzeitig eine gleich große Lichtmenge in die entgegengesetzte Richtung nach links emittiert.*

*Unten ist der gleiche Vorgang gezeigt für einen Beobachter im System **S** (z.B. Bahnsteig), wobei das System **S'** sich mit der Geschwindigkeit v_0 nach rechts bewegt. Der Beobachter in **S** auf dem Bahnsteig sieht eine Blauverschiebung der Lichtwelle, die von dem auf ihn zukommenden Atom emittiert wird. Die nach links gehende Lichtwelle dagegen zeigt dem Beobachter in **S** eine Rotverschiebung.*

D.h. in **S** ist

$$E_0 - E_1 = \gamma(v_0) \times L'$$

und in **S'** ist

$$E_0' - E_1' = L'$$

Ziehen wir die beiden Gleichungen voneinander ab und ordnen das Ergebnis etwas anders, erhalten wir

$$(E_0 - E_0') - (E_1 - E_1') = (\gamma(v_0) - 1) \times L'$$

Nun ist

$$(E_0 - E_0') = E_{0,kin}$$

die kinetische Energie des angeregten Atoms in **S**, vom Bahnsteig aus beobachtet, und

$$(E_1 - E_1') = E_{1,kin}$$

die kinetische Energie des Atoms ebenfalls in **S** aber nach der Emission der beiden Lichtquanten.

D.h.

$$E_{0,kin} - E_{1,kin} = (\gamma(v_0) - 1) \times L' \qquad (A4.4)$$

Gibt ein Körper Energie ab, z.B. in Form von Strahlung, dann verkleinert sich im System **S** die kinetische Energie des Körpers. Die Geschwindigkeit des Körpers in **S** ändert sich nicht, weil er in **S'** in Ruhe bleibt. Daher muss sich die Ruhemasse des Körpers verkleinern, um Δm_0 also

$$E_{0,kin} - E_{1,kin} = \frac{1}{2}\,\Delta m_0 v_0^2 \qquad\qquad \text{(A4.5)}$$

Unter Vernachlässigung von Größen vierter und höherer Ordnung in c wird daraus

$$E_{0,kin} - E_{1,kin} = \frac{1}{2}\,\frac{L'}{c^2}\,v_0^2$$

d.h. die abgestrahlte Energie L' ist

$$L' = \Delta m_0\, c^2 \qquad\qquad \text{(A4.6)}$$

Hier ist es offenbar unwesentlich, dass die dem Körper entzogene Energie gerade in Energie der Strahlung übergeht, so dass wir zu der allgemeinen Folgerung gelangen:

Die Masse eines Körpers ist ein Maß für dessen Energieinhalt.

Durch die Entwicklung der Funktion $\gamma(v)$

$$\gamma(v) = 1 + \frac{1}{2}\left(\frac{v}{c}\right)^2 + \frac{3}{8}\left(\frac{v}{c}\right)^4 + \cdots$$

erhalten wir aus (A4.2) die Beziehung

$$m(v)c^2 = m_0 c^2 + \frac{1}{2}m_0 v^2 + \cdots \qquad\qquad \text{(A4.7)}$$

Die kinetische Energie $\frac{1}{2}m_0 v^2$ ist also gerade die Energiedifferenz zwischen bewegtem und ruhendem Bezugssystem mit

$$m(v)c^2 = E(v) \quad \text{und} \quad m_0 c^2 = E(0) = E_0 \qquad \text{(A4.8)}$$

$E_0 = E(0)$ ist die sogenannte Ruheenergie.

3. Erhaltungsätze.

a. Newtonsche Physik, Impuls, Energie

Wir wollen uns nun den Erhaltungssatz für den Impuls in der klassischen Newtonschen Physik etwas genauer anschauen. Wir setzen voraus, dass die beiden Erhaltungssätze für den Impuls und für die Energie im Schwerpunktsystem, wo wir es für den Beobachter mit einem ruhenden System zu tun haben, gelten. Wir haben ja oben schon den Impulserhaltungssatz im Schwerpunktsystem S' verwendet.

Worum es jetzt geht, ist, ob die Erhaltungssätze auch im Laborsystem gelten. In der klassischen Physik erwarten wir das. Wir wollen uns das aber trotzdem genauer anschauen, weil wir die Gedankengänge später brauchen, wenn wir den relativistischen Fall behandeln.

Wir betrachten wieder die beiden Massen m_1 und m_2 im System S' (in unserem Eisenbahnabteil, Abb.A4.1), die mittels einer Feder auseinandergetrieben werden, so dass sie sich voneinander entfernen mit den Geschwindigkeiten v_1' und v_2' relativ zum in S' ruhenden Schwerpunkt.

Der Impuls der beiden Massen im Schwerpunktsystem S' ist vor dem Ausklinken der Feder

$$P_v' = 0$$

da die beiden Massen sich in Ruhe befinden. Nach dem Ausklinken ist der Impuls

$$P'_n = m_1 \times v'_1 + m_2 \times v'_2$$

Der Schwerpunkt bleibt im Ursprung

$$x'_s = 0 = \frac{m_1 \times x'_1 + m_2 \times x'_2}{m_1 + m_2}$$

Die Division durch t' ergibt

$$m_1 \times v'_1 + m_2 \times v'_2 = 0$$

d.h.

$$P'_n = 0$$

der Impuls $P' = 0$ bleibt in $\mathbf{S'}$ (Eisenbahnabteil) in der klassischen Newtonschen Physik erhalten.

Betrachten wir den selben Vorgang im Laborsystem $\mathbf{S}$, d.h. vom Bahnsteig aus (Abb.A4.2), so ist der Impuls der beiden Massen vor dem Ausklinken gleich dem Impuls des Schwerpunktes

$$P_v = (m_1 + m_2) \times v_0 = P_s$$

Nach dem Ausklinken ist der Impuls

$$P_n = m_1 \times v_1 + m_2 \times v_2$$

Mit $\qquad\qquad v_i = v'_i + v_0 \quad$ für $i = 1, 2$

wird $\qquad\quad P_n = m_1 \times v'_1 + m_2 \times v'_2 + (m_1 + m_2) \times v_0$

also $\qquad\qquad P_n = P'_n + P_s = P_v$

da $\;\; P'_n = 0$ und $P_s = P_v$

d.h.

*Der Impuls bleibt auch im Laborsystem **S** (Bahnsteig) in der klassischen Newtonschen Physik erhalten.*

Wenden wir uns der Energie zu, hier für den klassischen Fall der Newtonschen Physik, wo die Galilei-Transformation die Verhältnisse beschreibt.

Im System **S'** (Eisenbahnabteil) gilt das Energie-Erhaltungsgesetz. Vor dem Ausklinken haben wir

$$E_v' = U_v' + 0$$

und nach dem Ausklinken

$$E_n' = 0 + \frac{1}{2}m_1 \times (v_1')^2 + \frac{1}{2}m_2 \times (v_2')^2$$

$$= E_{kin,1,n}' + E_{kin,2,n}' = E_{kin,n}'$$

Mit U_v' haben wir die Energie berücksichtigt, die in der gespannten Feder vor dem Ausklinken steckt, als sogenannte „innere Energie" berücksichtigt. Durch das Ausklinken wird diese innere Energie in kinetische Energie $E_{kin,n}'$ umgesetzt,

$$U_v' \rightarrow E_{kin,n}' \quad \text{und} \quad E_v' = E_n'$$

*Auch die Energie bleibt auch im Schwerpunktsystem **S'** (Eisenbahnabteil) in der klassischen Newtonschen Physik erhalten.*

Der Impuls-Erhaltungssatz und der Energie-Erhaltungssatz sind ja die Grundpfeiler der Newtonschen Physik.

Im Laborsystem **S** (Bahnsteig) haben wir folgende Verhältnisse. Vor dem Ausklinken der Feder, in der die innere Energie U_v steckt, gilt

$$E_v = U_v + \frac{1}{2}(m_1 + m_2) \times v_0^2 = U_v + E_{kin,s}$$

Die gesamte Energie setzt sich also zusammen aus der inneren Energie U_v und der kinetischen Energie $E_{kin,s}$ des Schwerpunktes.

Nach dem Ausklinken der Feder hat sich die innere Energie in kinetische Energie umgesetzt

$$E_n = \frac{1}{2}m_1 \times v_1^2 + \frac{1}{2}m_2 \times v_2^2$$

Mit

$$v_i = v_i' + v_0 \quad \text{für} \quad i = 1, 2$$

und mit dem Impuls im Schwerpunktsystem **S'** (Eisenbahnabteil)

$$m_1 \times v_1' + m_2 \times v_2' = 0$$

wird

$$E_n = E_n' + E_{kin,s} = E_{kin,n}' + E_{kin,s}$$

d.h. $$U_v \rightarrow E_{kin,s}' \text{ und } U_v = U_v' \tag{A4.9}$$

Die innere Energie ist gleich in beiden Systemen **S** und **S'** und sie setzt sich in kinetische Energie um.

b. Relativistisch, Impuls, Energie

Wir betrachten nun die Vorgänge nochmals, aber unter Berücksichtigung der Relativitätstheorie.

Unsere beiden Massen m_1 und m_2 werden wieder im System **S'** (in unserem Eisenbahnabteil) mittels einer Feder auseinandergetrieben, so dass sie sich - wie vorhin - voneinander entfernen mit den Geschwindigkeiten v_1' und v_2' relativ zum in **S'** ruhenden Schwerpunkt.

Der Impuls der beiden Massen im Schwerpunktsystem **S'** ist vor dem Ausklinken der Feder

$$P_v' = 0$$

da die beiden Massen sich in Ruhe befinden.

Nach dem Ausklinken ist der Impuls

$$P_n' = m_1(v_1') \times v_1' + m_2(v_2') \times v_2'$$

Nun sind die beiden Massen zum Unterschied vom klassischen Fall von den Geschwindigkeiten abhängig.

Die Abstände der beiden Massen vom Ursprung, die Koordinaten, sind

$$x_1' = v_1' \times t' \quad \text{und} \quad x_2' = v_2' \times t'$$

und die Koordinate des Schwerpunktes ist

$$x_s' = 0 = \frac{m_1(v_1') \times x_1' + m_2(v_2') \times x_2'}{m_1(v_1') + m_2(v_2')}$$

Dividieren wir durch t' wird daraus

$$m_1(v_1') \times v_1' + m_2(v_2') \times v_2' = 0$$

d.h.

$$P_n' = 0$$

der Impuls $P' = 0$ bleibt in **S'** *(Eisenbahnabteil) auch im relativistischen Fall erhalten.*

Das gleiche ergibt sich, wenn der Physiker im System **S'** (Zugabteil) den inelastischen Stoßversuch mit zwei Lehmklumpen unternimmt, die aufeinandertreffen (Abb.A4.4). Wir brauchen nur die Indices v (vor dem Stoß) und n (nach dem Stoß) zu vertauschen. Auch hier sind beide Impulse gleich, nämlich 0,

$$P_v' = P_n' = 0$$

Wir betrachten nun diesen inelastischen Stoß vom System **S** aus (Bahnsteig). Der Zug fährt an uns vorbei nach rechts (in die positive x-Richtung) mit der Geschwindigkeit v_0, so dass

$$v_2 = 0$$

ist.

Dann ist (A2.12)

$$v_1 = \frac{v_1' + v_0}{1 + \dfrac{v_0 v_1'}{c^2}}$$

und weil $v_s' = 0$ ist, ist $v_s = v_0$, der zusammengeklatschte Lehmklumpen bewegt sich nach rechts mit der selben Geschwindigkeit wie der Zug (Abb.A4.5).

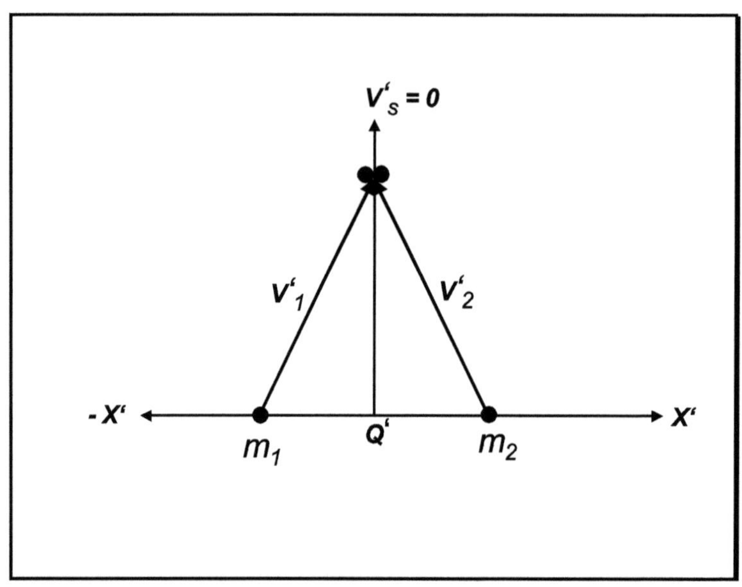

Abb.A4.4. Der inelastische Stoß im Schwerpunktsystem.

Die beiden Massen m_1 und m_2 (Lehmklumpen) treffen mit den Geschwindigkeiten v'_1 und v'_2 aufeinander. Die beiden Geschwindigkeiten sind dem Betrage nach gleich, so dass der gesamte Lehmklumpen nach dem Zusammenstoß liegen bleibt.

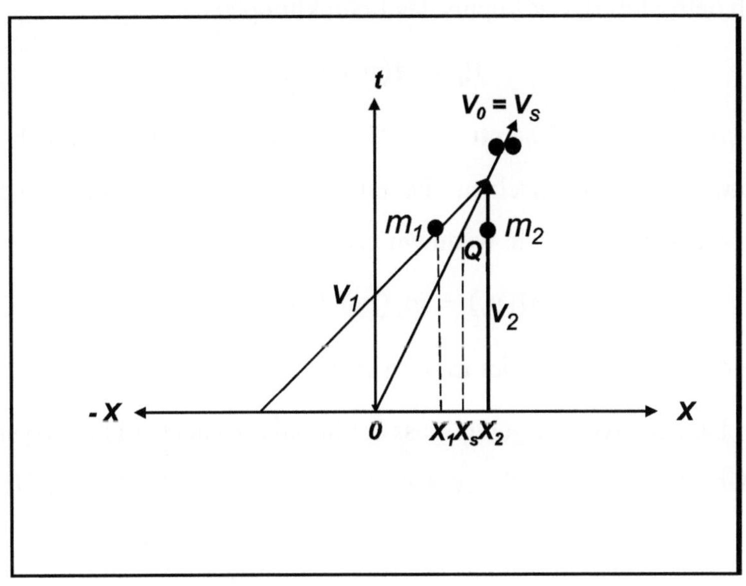

Abb.A4.5. Der inelastische Stoß im Laborsystem.

Die beiden Massen m_1 und m_2 (Lehmklumpen) treffen mit den Geschwindigkeiten v_1 und v_2 aufeinander. Im Laborsystem ist die eine Geschwindigkeit $v_2 = 0$, so dass der gesamte Lehmklumpen nach dem Zusammenstoß mit der Geschwindigkeit des Schwerpunktes v_s weiterfliegt.

Der Impuls vor dem Stoß ist $P_v = m_1(v_1) \times v_1$ da $v_2 = 0$ ist. Nach dem Stoß ist der Impuls des Lehmklumpens

$$P_n = M(v_s) \times v_s$$

Klassisch ist die Gesamtmasse M des Lehmklumpens einfach die Summe der beiden einzelnen Massen. Wenn wir das annehmen auch im relativistischen Fall, d.h. wenn wir setzen

$$M(v_s) = m_1(v_s) + m_2(v_s) \tag{?}$$

sehen wir schnell, dass der Impulssatz nicht erfüllt ist.

Da wir davon ausgehen, dass der Impulssatz auch im Laborsystem **S** (Bahnsteig) gelten soll, müssen wir uns um die Gesamtmasse $M(v_s)$ des Lehmklumpens, der mit der Geschwindigkeit v_s nach rechts fliegt, kümmern.

Dazu nehmen wir die Hilfe eines weiteren Beobachters in Anspruch. Dieser sitzt in einem Zug, den wir mit **S''** kennzeichnen, der den ersten Zug überholt, und zwar so dass $v_1'' = 0$ ist. Wir betrachten nun die Beziehungen zwischen dem Bahnsteig **S** und diesem schnelleren Zug **S''**.

Der Bahnsteig (**S**) bewegt sich für den Beobachter in diesem schnelleren Zug **S''** mit der Geschwindigkeit u_0 nach links, d.h. $u_0 < 0$, (Abb.4.5 rechts). Für ihn ist (A1.12)

$$v_1'' = \frac{v_1 + u_0}{1 + \dfrac{u_0 v_1}{c^2}} = 0$$

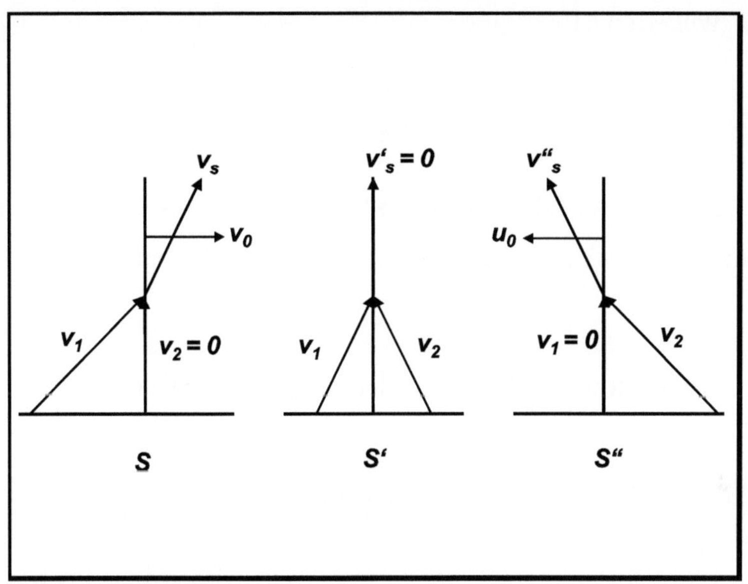

Abb.A4.5. Die inelastischen Stöße

zusammengefasst in den verschiedenen Systemen:
*Links im Laborsystem **S** (Bahnsteig),*
*Mitte im Schwerpunktsystem **S'** (Zugabteil) und*
*Rechts im System **S"** des zweiten schnelleren Zuges,*
der den ersten Zug überholt.

d.h. $u_0 = -v_1$

Weiterhin ist

$$v_s'' = \frac{v_s + u_0}{1 + \dfrac{u_0 v_s}{c^2}}$$

Die beiden Systeme **S** und **S"** (Abb.A4.5 links und rechts) sind aber symmetrisch in den Geschwindigkeiten, so dass auch gilt

$$v_s'' = -v_s.$$

Wenn wir das in die obere Gleichung einsetzen, erhalten wir

$$v_1 = \frac{2v_s}{1 + \left(\dfrac{v_s}{c}\right)^2}$$

Wir sind leider noch nicht fertig. Wir müssen jetzt noch einen weiteren Beobachter in Anspruch nehmen, und zwar den Würstchenverkäufer auf dem Bahnsteig. Er bewegt sich auf dem Bahnsteig von der einen zur anderen Seite – senkrecht zur Bahnsteigkante in y-Richtung - mit der Geschwindigkeit w_0, die allerdings sehr viel kleiner ist als die Geschwindigkeiten der Züge, die da vorüberrauschen. Glücklicherweise versteht der Würstchenverkäufer etwas von der Relativitätstheorie, so dass wir ihn fragen können, was er beobachtet. Sein System, der Wagen mit den Würstchen und Brötchen, bezeichnen wir mit **S""** (wir haben bald keine Striche mehr, aber es reicht).

Der Bahnsteig (**S**) bewegt sich für den Würstchenverkäufer (**S""**) in y-Richtung mit der Geschwindigkeit w_0. Daher gelten die

Transformationsgleichungen A2.12 und A2.13 für die Transformation zwischen S und S''' mit der Vertauschung x zu y''' und x' zu y in A2.12 und y zu x''' und y' zu x in A2.13 und $v = w_0$ in beiden Gleichungen,

$$v'''_{iy} = \frac{(v_{iy} + w_0)}{\left(1 + \frac{\beta^2}{w_0} \times v_{iy}\right)}$$

und

$$v'''_{ix} = v_{ix}/\gamma \qquad \text{für } i = 1 \text{ und } 2$$

Daraus erhalten wir

$$v'''_{1x} = w_0$$

und

$$v'''_{1y} = v_1 \times \sqrt{1 - (\frac{w_0}{c})^2}$$

Wir gehen nun davon aus, dass auch für den Würstchenverkäufer der Impulserhaltungssatz in y-Richtung gilt, d.h.

$$m_1(v'''_1) \times w_0 + m_2(w_0) \times w_0 = M(v'''_s) \times w_0$$

w_0 lässt sich wegkürzen, so dass wir für die Massenbilanz

$$m_1(v'''_1) + m_2(w_0) = M(v'''_s)$$

erhalten. Das gilt natürlich auch, wenn der Würstchenverkäufer stehen bleibt, also für $w_0 = 0$. Dann wird $v'''_1 = v'''_{1x} = v_1$ und $v'''_s = v_s$, weil $\gamma = 1$ wird, und wir erhalten die relativistische Massenbilanz im Laborsystem[12]

---

[12] *M. Born, Die Relativitätstheorie Einsteins, Springer Verlag, 4. Auflage, 1964*

$$M(v_s) = m_1(v_1) + m_2(0) \qquad\qquad \text{(A4.10)}$$

statt der falschen Beziehung, die oben mit (?) gekennzeichnet wurde.

Wie die Energie sich im relativistischen Fall verhält, haben wir im Prinzip schon bei der Betrachtung der Beziehung zwischen Masse und Energie behandelt. Die hier erhaltene relativistische Massenbilanz sieht zunächst vielleicht unverständlich aus, aber wir werden gleich sehen, wie sie sich in die Beziehung zwischen Masse und Energie einfügt.

Mit der Geschwindigkeitsabhängigkeit der Masse ist

$$m_1(v_1) = \gamma(v_1) \times m_1(0)$$

Wenn wir der Einfachheit halber die beiden Ruhemassen gleich annehmen, $m_1(0) = m_2(0) = m(0) = m_0$ wird aus der Massenbilanz

$$M(v_s) = [\gamma(v_1) + 1] \times m_0$$

Entwickeln wir die Funktion $\gamma(v_1)$ wie früher, erhalten wir

$$M(v_s) = 2 \times m_0 + \frac{1}{c^2}\, E_{kin}(v_1) \qquad\qquad \text{(A4.11)}$$

d.h. die kombinierte Masse $M(v_s)$ der beiden Massen, die sich nach dem inelastischen Stoß gemeinsam mit der Geschwindigkeit v_s bewegen, ist gleich der Summe der beiden Ruhemassen, $2\,m_0$ vermehrt um die kinetische Energie vor dem Stoß dividiert durch c^2. Zur Erinnerung, im Laborsystem ist $v_2 = 0$. $M(v_s)$ ist also hier im Laborsystem die Ruhemasse $M_0 = M(0)$, in der die kinetische Energie der beiden Massen vor dem inelastischen Stoß steckt.

Im Zugabteil, S' erhalten wir natürlich das gleiche Resultat, welches wir hier nur der Vollständigkeit halber zeigen. Dazu brauchen wir wieder die Hilfe eines weiteren Beobachters. Der Kaffeeverkäufer im Zug, der sich quer zur Fahrtrichtung mit einer kleinen Geschwindigkeit u_0 bewegt, wenn er die Kaffeebecher im Abteil verteilt, wird mit der Bezeichnung S^{IV} belegt.

Die Impulserhaltung in S^{IV} in x-Richtung des Kaffeeverkäufers, d.h. in y-Richtung für den Zug, lautet

$$m(v_1^{IV}) \times u_0 + m(v_2^{IV}) \times u_0 = M(u_0) \times u_0$$

oder

$$M(u_0) = 2 \times m(v_1^{IV})$$

und für $u_0 \to 0$

$$M(0) = 2 \times m(v_1') = 2 \times \gamma(v') \times m_0$$

woraus wie oben

$$M_0 = 2 \times \left\{ m_0 + \frac{1}{c^2}\, E_{kin}(v') \right\} \qquad (A4.12)$$

Der Einfachheit halber haben wir die beiden Massen gleich angenommen, so dass auch die beiden Geschwindigkeiten v'_1 und v'_2 dem Betrag nach gleich v' sind. Zur Erinnerung, die kinetische Energie $E_{kin}(v_1)$ im Laborsystem S ist im Schwerpunktsystem S' $2 \times E_{kin}(v')$, da $E_{kin}(v')$ nur die kinetische Energie eines der Massen ist.

Wir haben jetzt gesehen, dass einige Erhaltungssätze in der Relativitätstheorie in der Formulierung der klassischen Physik nicht mehr gelten. Genauer ausgedrückt: Die Erhaltungssätze gelten im Rahmen der klassischen Newtonschen Physik weiterhin, solange wir uns nicht mit zu großen Geschwindigkeiten abgeben.

Im Ruhesystem, das wir mit **S'** bezeichnet haben, d.h. in unserem Eisenbahnabteil oder dem Schwerpunktsystem gelten die klassischen Erhaltungssätze, der Massenerhaltungssatz, der Impulserhaltungssatz und der Energieerhaltungssatz weiterhin.

Wenn wir uns aber die Vorgänge im Eisenbahnabteil vom Bahnsteig aus betrachten, d. h. wenn wir uns im System **S** befinden, müssen wir berücksichtigen, dass alles, was im Zug passiert, sich mit der Geschwindigkeit v_0 relativ zu uns bewegt. Solange die Geschwindigkeit des Zuges klein ist gegenüber der Lichtgeschwindigkeit c, spielt das keine Rolle. Die Galilei – Transformation, die Umrechnung der Größen zwischen den beiden Systemen ist noch ohne merkbaren Fehler anwendbar. Wenn wir es jedoch mit größeren Geschwindigkeiten zu tun haben, wenn die Geschwindigkeit v_0 des Zuges in die Nähe der Lichtgeschwindigkeit c kommt, verlieren die Erhaltungssätze in der klassischen Form ihre Gültigkeit. Wir können die physikalischen Ereignisse im Zug vom Bahnsteig aus beobachtet nicht mehr durch die klassische Newtonsche Physik beschreiben (Genaueres im nächsten Abschnitt 4).

Die Relativitätstheorie sagt also nicht, dass die klassische Newtonsche Physik falsch sei. Sie zeigt uns nur die Grenzen auf, innerhalb derer wir uns mit ihr gefahrlos beschäftigen können. Wenn wir diese Grenzen überschreiten, zu schnell werden, müssen wir vorsichtig mit den Gesetzen umgehen. Wie die physikalischen Ereignisse dann zu beschreiben sind, wird Gegenstand des Anhangs A5 sein.

Wir haben an einigen Stellen die Erhaltungssätze von Impuls und Energie in den verschiedenen Systemen vorausgesetzt, jedoch nur innerhalb des entsprechenden Systems, für den Würstchenverkäufer auf dem Bahnsteig in seinem System, das ja für ihn das ruhende System ist, ebenso für den Kaffeeverkäufer im Zugabteil.

Sobald wir aber die Größen von einem System in ein anderes System, das sich relativ zum ersten System bewegt, umrechnen wollen, müssen wir die Geschwindigkeitsabhängigkeit der Masse mitberücksichtigen. Den Impulserhaltungssatz müssen wir umformulieren. Den Massenerhaltungssatz müssen wir aufgeben. Ebenso müssen wir die beiden Größen, Masse und Energie, so umdefinieren, dass wir auch auf den Energieerhaltungssatz verzichten, dafür aber den allgemeineren Erhaltungssatz für die gemeinsame Größe Masse + Energie gewinnen.

Vergleichen wir die beiden Beziehungen A4.11 und A4.12, so fällt auf, dass in beiden die Größe m_0 steht. In A4.11 ist das die Ruhemasse im Laborsystem und in A4.12 ist es die Ruhemasse im

Schwerpunktsystem. Die beiden sind gleich. D.h. wir haben mit der Ruhemasse eine Größe gefunden, die sich bei der Transformation zwischen den beiden Systemen S' und S nicht ändert, eine Invariante. Die Ruhemasse ist eine Lorentz-Invariante.

4. Lorentz-Transformation von Impuls und Energie

Wir haben uns jetzt davon überzeugt, dass die Erhaltungssätze für den Impuls und für die Energie in beiden Systemen, im ruhenden System S' und im bewegten System S gelten. Beide Größen, Impuls und Energie, sind jedoch von der Bewegung der Systeme abhängig. Der Impuls einer Masse m, die sich im System S' mit der Geschwindigkeit v' in x-Richtung bewegt, ist

$$P' = m(v') \times v'$$

und die Energie dieser Masse ist

$$E' = m(v') \times c^2 = m_0 \times c^2 + \frac{1}{2} m_0 \times (v')^2$$

d.h. die Beziehung zwischen diesen beiden Größen lautet

$$E' \times v' = P' \times c^2 \qquad\qquad (A4.13)$$

Aus diesen beiden Größen bilden wir den Ausdruck

$$\frac{(E')^2}{c^2} - (P')^2 = m_0{}^2 \times c^2 \qquad\qquad (A4.14)$$

wobei die Geschwindigkeitsabhängigkeit der Masse verwendet wurde, $m(v') = m_0 \times \gamma(v')$, (A4.2).

Der Ausdruck (A4.14) ist eine Invariante der Lorentz-Transformation, weil im Ausdruck nur die beiden Größen vorkommen, die Ruhemasse m_0 und die Lichtgeschwindigkeit c , die beide Invarianten sind.

Das wollen wir uns jedoch genauer anschauen. Dazu transformieren wir die beiden Größen E' und P' in unser Laborsystem **S**, in dem sich das System **S'** mit der Geschwindigkeit v_0 nach rechts, also in x-Richtung bewegt. Mit den Transformationsgleichungen rechnen wir aus, wie sich die Energie E und der Impuls P im Laborsystem **S** darstellen. Die Geschwindigkeit der Masse m ist v, die wir aus der schon bekannten Formel A2.12 für die Addition der Geschwindigkeiten v' und v_0 erhalten. Mit der Funktion $\gamma(v_0)$, A2.4 erhalten wir die Transformationsgleichung für die Energie dividiert durch c^2

$$\frac{E}{c^2} = \gamma(v_0) \times \left\{\frac{E'}{c^2} + P' \times \frac{v_0}{c^2}\right\} \qquad \text{(A4.15)}$$

und für den Impuls

$$P = \gamma(v_0) \times \left\{P' + v_0 \times \frac{E'}{c^2}\right\} \qquad \text{(A4.16)}$$

Rechnen wir hiermit im Laborsystem **S** den Ausdruck A4.14 aus, erhalten wir

$$\frac{(E)^2}{c^2} - (P)^2 = \frac{(E')^2}{c^2} - (P')^2 \qquad \text{(A4.17)}$$

d.h. der Ausdruck ist, wie oben behauptet, eine Invariante der Lorentz-Transformation.

Wir sehen, die beiden Größen Impuls und Energie sind keine Lorentz-Invarianten, sie ändern sich bei der Transformation von einem System in ein anderes, die Gleichungen A4.15 und A4.16 zeigen das. Die Kombination der beiden Größen, A4.14, jedoch ist eine Lorentz-Invariante (A4.17).

Der Impuls ist eine Erhaltungsgröße, d.h. bei irgendwelchen Prozessen – z.B. elastischen Stößen zwischen zwei Körpern – bleibt der gesamte Impuls konstant – solange wir uns in ein und demselben System befinden und solange die Geschwindigkeiten im System klein sind. Wenn der Schwerpunkt der beteiligten Körper in **S** in Ruhe bleibt, ist der Gesamtimpuls = 0. Wie sieht es nun aus, wenn wir diese Prozesse von einem relativ zu **S** bewegten System **S'** aus beobachten. Beobachten wir dann denselben Impuls? Dann wäre der Impuls eine Invariante gegenüber Lorentz-Transformationen. Es stellt sich schnell heraus, dass der Impuls keine Invariante sein kann, auch bei einer Galilei-Transformation. Es kommt ja noch der Impuls des Schwerpunktes des Systems **S** hinzu, wenn wir die Prozesse von **S'** aus beobachten. Erhaltungssatz einer Größe und Invarianz gegenüber Transformationen sind also zwei verschiedenen Sachen. Analoges gilt auch für die Energie. Von **S'** aus beobachtet, müssen wir noch die kinetische Energie des Schwerpunktes berücksichtigen.

Vergleichen wir Gleichung A4.15 mit A2.5 und die Gleichung A4.16 mit A2.3, so erkennen wir die gleiche Struktur der Gleichungen, die Größe $\frac{E}{c^2}$, die Energie dividiert durch c^2, wird transformiert wie die Zeit t, und der Impuls P wird transformiert wie die Ortskoordinate x. Dabei haben wir im Impuls P bisher nur die x-Komponente des Impulses betrachtet, d.h, in den Gleichungen A4.15 und A4.16 steht die x-Komponente p_x für P. Um den Vergleich zu vervollständigen, müssen wir noch zeigen, dass allgemein die y- und z-Komponente des Impulses sich so transformieren wir die Ortskoordinaten y und z, d.h. wir müssen zeigen, dass die Transformation

$$p_y = p'_y \quad \text{und} \quad p_z = p'_z$$

gilt.

Dazu betrachten wir jetzt eine Masse m, die sich im System S' quer zur Bewegungsrichtung des Systems bewegt, also mit der Geschwindigkeit $v' = (0, v'_y)$. Der Impuls in S' ist als $P' = (p'_x, p'_y)$ $= (0, p'_y)$, da $v'_x = 0$ ist. Daher ist

$$p'_y = m(v'_y) \times v'_y = \gamma(v'_y) \times m_0 \times v'_y$$

Im Laborsystem S haben wir $p_x = m(v) \times v_x = m(v) \times v_0$ und mit der Gleichung (A2.13) für die Transformation der Geschwindigkeit senkrecht zur Geschwindigkeit v_0 des Systems S' in S

$$p_y = m(v) \times v_y = \gamma(v) \times m_0 \times v_y = \frac{\gamma(v)}{\gamma(v_0)} \times m_0 \times v'_y$$

Wenn die beiden Impulskomponenten p'_y und p_y gleich sein sollen, müssen die Faktoren mit den γ-Funktionen davor gleich sein, d.h. es muss gelten

$$\gamma(v) = \gamma(v_0) \times \gamma(v'_y)$$

Das lässt sich leicht zeigen, indem man die reziproken Werte links und rechts betrachtet, diese auch quadriert und berücksichtigt, dass $v^2 = v_0{}^2 + v_y{}^2$ ist.

Für die z-Komponente gilt ganz analog $p_z = p'_z$. Damit haben wir gezeigt, dass die beiden Komponenten, y und z, des Impulses sich so transformieren wie die Komponenten des Ortsvektors, oder zusammengefasst, der Vektor $(p_x, p_y, p_z, \frac{E}{c^2})$ wird transformiert wie der Vektor (x, y, z, t) in den Gleichungen der Lorentz-Transformation (A2.3) und (A2.5).

Die Lorentz-Invariante (A4.17, A4.14)

$$\frac{(E)^2}{c^2} - (p_x)^2 - \left(p_y\right)^2 - (p_z)^2 = m_0{}^2 \times c^2$$

entspricht der Lorentz-Invarianten (A5.7) in der Form

$$c^2 t^2 - x^2 - y^2 - z^2 = 0$$

Anhang A5, der Satz von Pythagoras.

Wie misst man den Abstand zwischen zwei Punkten?

In der Schule haben wir schon den Lehrsatz von Pythagoras kennen gelernt. In einem rechtwinkeligen Dreieck mit den Seiten a, b und c lautet der Satz

$$a^2 + b^2 = c^2 \qquad\qquad (A5.1)$$

wobei a und b die beiden Seiten sind, die senkrecht aufeinander stehen (die Katheten), und c die längere Seite (Hypotenuse) (Abb. A5.1). Der Abstand zwischen den beiden Endpunkten der Seiten a und b ist c, und c lässt sich aus dem Satz A5.1 berechnen, wenn man die Längen a und b kennt. Legt man das Dreieck in ein Koordinatensystem, so dass die eine Kathete in die x-Achse und die andere Kathete in die y-Achse fällt, dann ist die Seite c die Verbindung der beiden Endpunkte auf den Koordinatenachsen. Wir können das Dreieck auch allgemeiner so verschieben, dass die Katheten nicht mit den Achsen zusammenfallen wie in der Abbildung gezeigt.

Die beiden Punkte A und B sind durch ihre Koordinaten x und y eindeutig bestimmt, $A = (x_2, y_2)$ und $B = (x_1, y_1)$. Dann sind die Seitenlängen des Dreiecks

$$a = x_2 - x_1 = \Delta x \quad \text{und} \quad b = y_2 - y_1 = \Delta y$$

und der gesuchte Abstand zwischen den Punkten wird

$$c = \sqrt{\Delta x^2 + \Delta y^2} \qquad\qquad (A5.2)$$

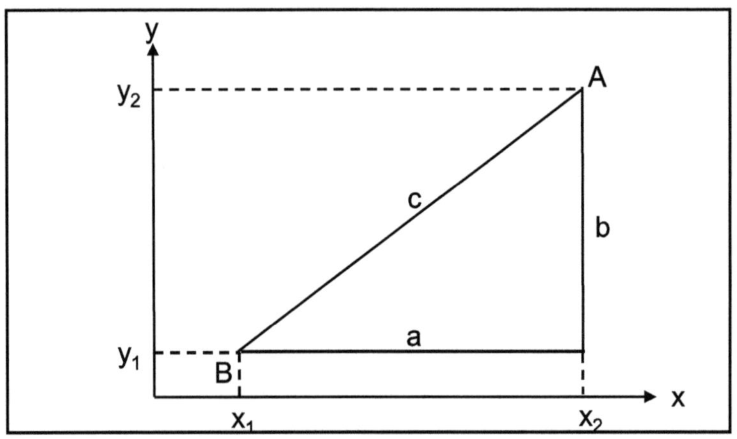

Abb. A5.1. Der Satz von Pythagoras.

Die beiden Punkte A und B sind durch ihre Koordinaten x und y eindeutig bestimmt, A = (x_2, y_2) und B = (x_1, y_1). Dann sind die Seitenlängen des Dreiecks

$$a = x_2 - x_1 = \Delta x \quad und \quad b = y_2 - y_1 = \Delta y$$

und der gesuchte Abstand zwischen den Punkten wird

$$c = \sqrt{\Delta x^2 + \Delta y^2}$$

1. Galilei-Transformation.

Jetzt schauen wir uns an, was mit diesem Abstand zwischen den beiden Punkten passiert, wenn wir eine Koordinatentransformation durchführen. Wir haben stillschweigend angenommen, dass unser Dreieck sich in Ruhe befindet, im Koordinatensystem **S**. Wenn wir das Dreieck von einem System **S'** aus betrachten, das sich mit der Geschwindigkeit v_0 relativ zum System **S** bewegt, müssen wir die Koordinaten transformieren. Nehmen wir als erstes unsere klassische Galilei-Transformation (A2.1)

$$x' = x - v_0 \times t$$

$$y' = y$$

Damit werden

$$\Delta x' = \Delta x$$

$$\Delta y' = \Delta y$$

Wenn wir jetzt den Abstand, den wir im System **S'** sehen, berechnen, und der Bequemlichkeit halber das Quadrat des Abstandes betrachten, sehen wir, es gilt

$$(\Delta x')^2 + (\Delta y')^2 = (\Delta x)^2 + (\Delta y)^2 \qquad \text{(A5.3)}$$

d.h. das Quadrat des Abstandes ist eine *Invariante*, eine Größe, die sich bei einer Transformation nicht ändert. Sie bleibt in allen Koordinatensystemen, die sich gleichmäßig bewegen, d.h. mit konstanter Geschwindigkeit relativ zueinander bewegen, sogenannte Inertialsysteme, konstant, invariant.

Wenn wir das auf den dreidimensionalen Raum ausdehnen, haben wir zusätzlich für die dritte Dimension

$$z' = z$$

und

$$\Delta z' = \Delta z$$

Der Abstand zweier Punkte im Raum ist analog

$$c = \sqrt{\Delta x^2 + \Delta y^2 + \Delta z^2} \tag{A5.4}$$

Mit einer Galilei-Transformation erhalten wir für das Quadrat des Abstandes wieder

$$(\Delta x')^2 + (\Delta y')^2 + (\Delta z')^2 = (\Delta x)^2 + (\Delta y)^2 + (\Delta z)^2 \tag{A5.5}$$

Das Quadrat des Abstandes zweier Punkte ist also bei einer Galilei-Transformation eine Invariante.

Legen wir in den Abständen Δx, Δy und Δz den einen Punkt (x_1, y_1, z_1) in den Ursprung des Koordinatensystems (0,0,0), lassen wir beim zweiten Punkt die Indizes weg, (x, y, z), so wird der Abstand zum Radius r der Kugel um diesen Nullpunkt,

$$x^2 + y^2 + z^2 = r^2 \tag{A5.6}$$

2. *Lorentz-Transformation.*

Wie sieht das nun aus bei einer Lorentz-Transformation (A2.3) und (A2.5),

$$x' = \gamma \times (x - v_0 \times t)$$

$$y' = y$$

$$z' = z$$

$$t' = \gamma \times (t - \beta^2 \times x/v_0$$

mit (A2.4)

$$\gamma(v_0) = (1 - \beta^2)^{-\frac{1}{2}} \quad \text{und} \quad \beta = \frac{v_0}{c}$$

Unser Koordinatensystem haben wir ohne Beschränkung der Allgemeinheit so gelegt, dass die x-Achse in Richtung der Geschwindigkeit v_0 zeigt.

Wenn wir jetzt versuchen, den Abstand zwischen zwei Punkten (x_1, y_1, z_1) und (x_2, y_2, z_2), bzw. das Quadrat des Abstandes zu berechnen,

$$c^2 = (\Delta x)^2 + (\Delta y)^2 + (\Delta z)^2$$

werden wir feststellen, dass dieser Ausdruck bei einer Lorentz-Transformation keine Invariante ist,

$$(\Delta x')^2 + (\Delta y')^2 + (\Delta z')^2 \neq (\Delta x)^2 + (\Delta y)^2 + (\Delta z)^2$$

Das liegt daran, dass die beiden Punkte (x_1, y_1, z_1) und (x_2, y_2, z_2) keine vollständige Beschreibung darstellen. Der Raum, den wir bei der Lorentz-Transformation betrachten, ist nicht mehr dreidimensional, sondern vierdimensional. Aus den Transformationsgleichungen sieht man, dass die Zeit-Koordinate mitberücksichtigt werden muss. Es ist daher erst die Angabe aller vier Koordinaten (x_1, y_1, z_1, t_1) und (x_2, y_2, z_2, t_2) notwendig zur Beschreibung der Punkte. Die Punkte im vierdimensionalen Raum werden, um sie von den Raumpunkten im dreidimensionalen Raum zu unterscheiden, *Weltpunkte* genannt. Die dem Abstand im dreidimensionalen Raum analoge vierdimensionale Größe wird *Intervall* genannt.

Wie sieht es nun aus mit der Invarianz dieser Größe bei einer Lorentz-Transformation aus?

Wenn wir die Koordinatendifferenzen, analog zur Galilei-Transformation, mit der Lorentz-Transformation berechnen,

$$\Delta x = \gamma \left(\Delta x' + v_0 \, \Delta t' \right)$$

$$\Delta y = \Delta y'$$

$$\Delta z = \Delta z'$$

$$\Delta t = \gamma \left(\Delta t' + \frac{\beta}{c} \Delta x' \right)$$

so finden wir, dass der Ausdruck

$$(\Delta s)^2 = -(\Delta x)^2 - (\Delta y)^2 - (\Delta z)^2 + c^2 (\Delta t)^2 \qquad \text{(A5.7)}$$

bei einer Lorentz-Transformation invariant bleibt,

$$-(\Delta x)^2 - (\Delta y)^2 - (\Delta z)^2 + c^2 (\Delta t)^2 =$$

$$-(\Delta x')^2 - (\Delta y')^2 - (\Delta z')^2 + c^2 (\Delta t')^2$$

Das so definierte Δs ist also das Intervall im vierdimensionalen Raum bei einer Lorentz-Transformation. Das Intervall ist invariant bei einer Lorentz-Transformation.

Legen wir wie oben in den Abständen Δx, Δy und Δz den einen Punkt (x_1, y_1, z_1) und den einen Zeitpunkt t_1 in Δt in den Ursprung des vierdimensionalen Koordinatensystem $(0,0,0,0)$ so wird der Abstand zum Radius r der Kugel um diesen Nullpunkt,

$$x^2 + y^2 + z^2 = c^2 t^2 = r^2$$

wobei die Kugel sich mit Lichtgeschwindigkeit c ausbreitet. D.h.

$$x^2 + y^2 + z^2 - c^2 t^2 = 0 \qquad \text{(A5.8)}$$

beschreibt die Kugeloberfläche, die sich mit Lichtgeschwindigkeit c ausbreitet.

Die Lorentz-Transformation zeigt, dass wir es mit einem „echten" vierdimensionalen Raum zu tun haben. Wir können nicht die Raumkoordinaten allein ohne die Zeitkoordinate behandeln. In der einen Raumkoordinate steckt auch die Zeit, und in der Zeitkoordinate steckt auch eine Raumkoordinate. Natürlich können wir zur Galilei-Transformation zurückkehren, wo wir Raum und Zeit getrennt behandeln können. Aber die Natur zeigt uns, dass wir sie damit nicht richtig beschreiben können, weil die Lichtgeschwindigkeit c invariant ist bei Transformationen zwischen Inertialsystemen.

Wir wollen nun einige Eigenarten dieses vierdimensionalen Raumes uns ansehen[13].

Wenn $\Delta x' = 0$, $\Delta y' = 0$ und $\Delta z' = 0$, und $\Delta t' \neq 0$ in einem System S' sind, haben wir es an einem Ort mit zwei durch $\Delta t'$ zeitlich getrennten Ereignissen zu tun, z.B. Absorption und anschließende Emission eines Lichtquants in einem Atom. Mit $\Delta t' = t'_2 - t'_1 > 0$ ist t'_1 der Zeitpunkt des früheren Ereignisses (Absorption) und t'_2 der Zeitpunkt des späteren Ereignisses (Emission).

Betrachten wir diesen Vorgang von einem System S aus, das sich mit einer Geschwindigkeit v_0 relativ zum System S' bewegt, dann ist

$$\Delta x = \gamma \times v_0 \times \Delta t'$$

$$\Delta y = \Delta y' = 0$$

$$\Delta z = \Delta z' = 0$$

$$\Delta t = \gamma \, \Delta t'$$

Aus $\Delta t = \gamma \, \Delta t'$ folgt, dass wenn $\Delta t' > 0$ ist, dann ist auch $\Delta t > 0$, d.h. die zeitliche Reihenfolge der Ereignisse bleibt bei einer Lorentz-Transformation erhalten. In allen Inertialsystemen ist die zeitliche Reihenfolge, Ursache und Wirkung die gleiche. Weiterhin sehen wir, dass die Zeit zwischen den beiden Ereignissen, Absorption und Emission, Δt, vom System S aus gesehen gedehnt erscheint, da $\gamma > 1$ ist. Wir sehen auch, die beiden Ereignisse können in dem anderen System S an verschiedenen Orten stattfinden da $\Delta x \neq 0$ ist, das Atom

---

[13] *E.Schrödinger, Die Struktur der Raum-Zeit, Wissenschaftliche Buchgesellschaft, Darmstadt 1993*

hat sich ja mit der Geschwindigkeit v_0 in der Zeit Δt um Δx weiterbewegt.

Das Intervall im System **S'** ist

$$(\Delta s')^2 = +c^2 (\Delta t')^2$$

Im System S ist

$$(\Delta s)^2 = -(\Delta x)^2 - (\Delta y)^2 - (\Delta z)^2 + c^2 (\Delta t)^2$$

Und wenn wir die Ausdrücke einsetzen, erhalten wir

$$(\Delta s)^2 = +c^2 (\Delta t')^2 = (\Delta s')^2$$

d.h. das Intervall ist, wie es sein soll, invariant.

Die Zeit, die dadurch definiert ist, ist die sogenannte *Eigenzeit* τ, (*proper time*) mit

$$(\Delta \tau)^2 = \frac{(\Delta s)^2}{c^2}$$

Das ist die Zeit, die ein im System **S'** ruhender Beobachter an seiner ebenfalls in **S'** ruhender Uhr misst. Und wie wir gerade gesehen haben, das Eigenzeitintervall ist invariant,

$$(\Delta \tau)^2 = (\Delta \tau')^2$$

Natürlich gilt das auch für einen im System **S** ruhenden Beobachter. Der in **S** ruhende Beobachter misst an seiner in **S** ruhenden Uhr ebenfalls die Eigenzeit τ, die auch die Zeit t ist.

Weiterhin, wenn in einem System zwei Ereignisse an zwei verschiedenen Orten gleichzeitig stattfinden, können sie in einem anderen System auch an verschiedenen Orten und zu verschiedenen Zeiten stattfinden, d.h. an verschiedenen Weltpunkten. Wenn in **S'** $\Delta x' \neq 0$, $\Delta y' = 0$ und $\Delta z' = 0$, und $\Delta t' = 0$ in einem System **S'** sind, dann sind im System **S**, das sich mit einer Geschwindigkeit v_0 relativ zum System **S'** bewegt

$$\Delta x = \gamma\, \Delta x'$$

$$\Delta y = \Delta y'$$

$$\Delta z = \Delta z'$$

$$\Delta t = \gamma\, \frac{v_0}{c^2} \Delta x'$$

Wir sehen, Δt ist von 0 verschieden, d.h. die Ereignisse in S sind nicht gleichzeitig. Der Begriff der Gleichzeitigkeit ist also relativ, abhängig vom System des Beobachters. Das haben wir schon bei der Lichtemission im fahrenden Eisenbahnwaggon kennen gelernt.

Für das Intervall finden wir in **S'**, wo die beiden Ereignisse gleichzeitig sind,

$$(\Delta s')^2 = -(\Delta x')^2 - (\Delta y')^2 - (\Delta z')^2$$

und in **S**, wo die beiden Ereignisse nicht gleichzeitig sind,

$$(\Delta s)^2 = -(\Delta x)^2 - (\Delta y)^2 - (\Delta z)^2 + c^2(\Delta t)^2$$

Wenn wir die Ausdrücke einsetzen, finden wir

$$(\Delta s)^2 = -(\Delta x')^2 - (\Delta y')^2 - (\Delta z')^2$$

Also $(\Delta s)^2 = (\Delta s')^2$, d.h. das Intervall ist auch hier, wie es sein soll, invariant.

Aus dem vierdimensionalen Raum (x, y, z, t) steigen wir zur Veranschaulichung eine Dimension herab und betrachten die Verhältnisse im Raum (x, y, t) in Abb. A5.2.

Die Gleichung

$$x^2 + y^2 = c^2 t^2 = r^2$$

beschreibt Kreise um die t-Achse, Kreise, deren Radien mit der Zeit t anwachsen, so dass die Kreise für wachsende Zeit t einen Kegel um die t-Achse bilden mit der Kegelspitze im Ursprung des Koordinatensystems.

Auf dieser Kegeloberfläche ist

$$x^2 + y^2 - c^2 t^2 = 0$$

In Abb. A5.3 ist nur die Abhängigkeit des Kegelradius von der Zeit dargestellt, also noch eine Dimension weiter runter.

Die Oberfläche dieses Kegels ist die Oberfläche einer Hyperkugel im vierdimensionalen Raum. Auf der Oberfläche dieser Hyperkugel - ein dreidimensionaler Raum - tummeln sich die Photonen, die zur Zeit $t = 0$ im Ursprung entstanden sind.

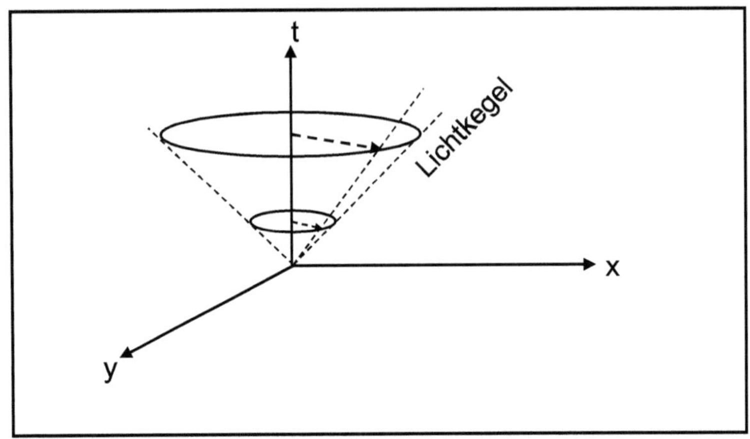

Abb. A5.2. Darstellung des Lichtkegels.

Die Gleichung $x^2 + y^2 = r^2 = (ct)^2$ beschreibt einen Kegel, den Lichtkegel, um die t-Achse mit der Kegelspitze im Ursprung des Koordinatensystems. Die Mantellinie des Kegels steigt mit 45° an, weil wir die Koordinateneinheiten entsprechend gewählt haben, als Sekunden für t und Lichtsekunden für x und y.

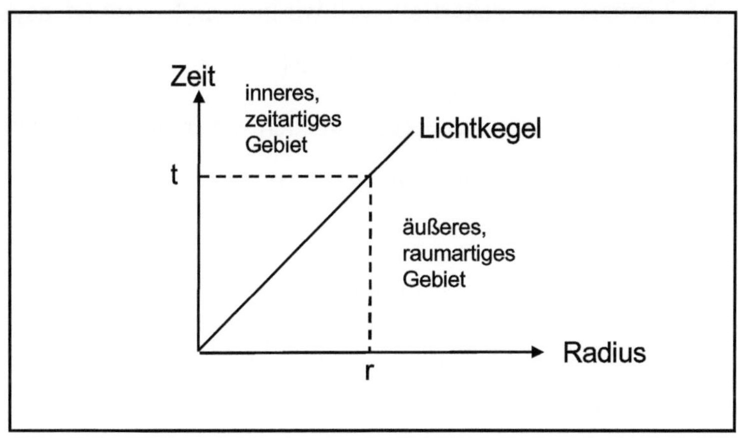

Abb. A5.3. Darstellung nur einer Mantellinie des Lichtkegels.
Die gleiche Darstellung wie in Abb. A5.2, wobei wir die y-Koordinate wegelassen haben und nur die x-Koordinate betrachten, die dann gleichzeitig den Radius des Kegels bildet.
Die Mantellinie des Kegels in dieser Darstellung trennt das Gebiet in zwei Teile, das innere Gebiet des Kegels, das zeitartige Gebiet, in dem sich die ganze Physik abspielt, und das äußere Gebiet, das raumartige Gebiet, das für alles aus dem inneren Gebiet unerreichbar ist, weil man sich beim Versuch aus dem inneren Gebiet in das äußere Gebiet zu gelangen mit Überlichtgeschwindigkeit bewegen müsste.

Das Innere dieser Hyperkugel, also das Innere dieses Kegels in Abb. A5.2 nennen wir „zeitartig", weil wir hier ein Koordinatensystem finden, in dem eine Achse die Zeitachse ist.

Das Äußere dieser Hyperkugel nennen wir „raumartig", weil wir hier ein Koordinatensystem finden, in dem eine Achse eine der Raumkoordinaten ist.

Den Kegel, der die beiden trennt, nennen wir Lichtkegel.

Dass in der Definition von $(\Delta s)^2$ die Quadrate der Ortskoordinaten negativ sind ist Definitionssache. Das hat den Vorteil, dass im zeitartigen Gebiet die Zeitachse reell ist.

Da die Lichtgeschwindigkeit c die maximal mögliche Geschwindigkeit ist, ist es nicht möglich für ein Objekt oder für ein Signal, das irgendwo im zeitartigen Gebiet ausgesandt wird, in das andere, raumartige, Gebiet zu gelangen. Höchstens die Photonen erreichen den trennenden Lichtkegel. D.h. die ganze Physik spielt sich im zeitartigen Gebiet, im Inneren des Lichtkegels ab und für die Photonen auf dem Lichtkegel.

Wenn ein Objekt fast Lichtgeschwindigkeit erreicht, erscheint es uns im ruhenden System **S** als ob die Zeit in diesem Objekt immer langsamer ginge,

$$\Delta t = \gamma\, \Delta t' \to \infty \quad \text{für} \quad v_0 \to c$$

d.h. zwei Ereignisse (z.B. Absorption und darauf folgende Emission eines Lichtquants), die im System S', das sich mit dem Objekt bewegt, also in dem das Objekt ruht, mit der Zeitdifferenz $\Delta t'$ ablaufen, laufen für uns im System **S** mit der Zeitdifferenz $\Delta t > \Delta t'$ ab. Wenn im System **S'** die beiden Ereignisse z.B. 6 Sekunden auseinander liegen, $\Delta t' = 6$, sieht der Beobachter in **S** die beiden Ereignisse 10 Sekunden auseinander liegend, $\Delta t = 10$. Die Uhr in **S'** zeigt dem Beobachter in **S'** 6 Sekunden Differenz, die Uhr in **S** zeigt dem Beobachter in **S** 10 Sekunden Differenz zwischen den beiden Vorgängen Emission und Absorption. D.h. die Uhr in **S'** geht für den Beobachter in **S** langsamer als seine eigene Uhr in **S**.

Der Abstand zwischen zwei Raumpunkten in unserem System **S** in der Bewegungsrichtung - in der x-Achse - des Objektes ist Δx. Für einen Beobachter, der in **S'** ruht, ist der Abstand zwischen diesen beiden mit **S** fest verbundenen Punkten $\Delta x' < \Delta x$.

$$\Delta x' = \frac{\Delta x}{\gamma} \rightarrow 0 \quad \text{für} \quad v_0 \rightarrow c$$

Das haben wir schon bei Luisas Reise im Anhang A3 kennengelernt.

Legen wir die beiden Raumpunkte mit dem Abstand Δx im System **S** in die x-Achse und messen die Zeit Δt, die ein mit **S'** fest verbundener Raumpunkt, z.B. den Ursprung von **S'**, braucht, um die Strecke Δx zurückzulegen, dann ist

$$\frac{\Delta x}{\Delta t} = v_0$$

die Geschwindigkeit, mit der das System **S'** sich relativ zu **S** bewegt. Führen wir den selben Messvorgang durch im System **S'**, also Messung der Zeit $\Delta t'$, die die beiden Raumpunkte in **S** mit dem Abstand $\Delta x'$ in **S'** brauchen, um an dem mit **S'** fest verbundene Raumpunkt vorbeizukommen, dann ist $\frac{\Delta x'}{\Delta t'}$ die relative Geschwindigkeit, mit der das System **S** am System **S'** vorbeizieht. Da $\Delta x = \gamma\, \Delta x'$ und $\Delta t = \gamma\, \Delta t'$ ist, ist auch

$$\frac{\Delta x'}{\Delta t'} = v_0$$

d.h. die Relativgeschwindigkeit v_0 der beiden Systeme ist gleich im System **S** und im System **S'** gemessen (natürlich bis auf's Vorzeichen).

Für ein Photon wird der Raum auf die Kugelschale beschränkt, wenn das Photon aus dem Ursprung $(0, 0, 0, 0)$ kommt, und die Zeit für das Photon bleibt für uns im System **S** stehen, d.h. in Flugrichtung schrumpft der Raum für das Photon auf Null, und die Zeit schrumpft auf die Anfangszeit $t = 0$. Für uns in S sind die Photonen gleichzeitig überall.

Und dennoch messen wir eine endliche Geschwindigkeit c der Photonen. Macht sich hier die Doppeltnatur des Lichtes als Welle und als Teilchen bemerkbar?

Wir machen jetzt einen kleinen Ausflug in die allgemeine Geometrie.

3. Koordinatensysteme, Basisvektoren.

Die Systeme **S** und **S'**, die wir schon kennen, werden beschrieben durch sogenannte Basisvektoren $\mathbf{e}_i$ und $\mathbf{e}'_i$. Das sind die Koordinatenachsen, die aber im Allgemeinen weder orthogonal noch normalisiert sind.

Allgemein ist eine Basis eines n-dimensionalen Vektorraumes ein linear unabhängiges System von n Vektoren $\{\mathbf{e}_1, \mathbf{e}_2, \mathbf{e}_3, \dots \mathbf{e}_n\}$. Jeder Vektor $\mathbf{x}$ aus diesem Vektorraum läßt sich eindeutig darstellen als

$$\mathbf{x} = x^i\, \mathbf{e}_i \qquad\qquad (A5.9)$$

wobei wir die Einstein'sche Konvention verwenden: *Über gleiche Indizes, die oben und unten erscheinen, wird summiert.*

Die Transformation zwischen den Basisvektoren von zwei verschiedenen Basen ist allgemein

$$\mathbf{e}'_i = A^j_i\, \mathbf{e}_j \quad \text{und} \quad \mathbf{e}_i = B^j_i\, \mathbf{e}'_j \qquad (A5.10)$$

Für die Transformation eines invarianten Vektors $\mathbf{x}$ von einer Basis $\{\mathbf{e}_i\}$ in eine andere Basis $\{\mathbf{e}'_i\}$ gilt für die kontravarianten Komponenten

$$\mathbf{x} = x'^i\, \mathbf{e}'_i = x'^i\, A^j_i\, \mathbf{e}_j = x^j\, \mathbf{e}_j$$

d.h.

$$x^j = A^j_i\, x'^i \qquad\qquad (A5.11)$$

Die kontravarianten Komponenten des Vektors $\mathbf{x}$ werden kontravariant zu den Basisvektoren transformiert; der Vektor $\mathbf{x}$ heißt daher kontravariant.

Die zugehörigen kovarianten Komponenten, mit tiefgestellten Indizes, sind definiert durch die skalaren Produkte des Vektors $\boldsymbol{x}$ mit den Basisvektoren $\mathbf{e}_i$

$$x_i = (\boldsymbol{x}, \mathbf{e}_i) \tag{A5.12}$$

Für die kovarianten Komponenten gilt

$$x_i = (\boldsymbol{x}, \mathbf{e}_i) = \left(\boldsymbol{x}\, B_i^j, \mathbf{e}'_j\right) = B_i^j\left(\boldsymbol{x}, \mathbf{e}'_j\right)$$

d.h.

$$x_i = B_i^j x'_j \tag{A5.13}$$

die kovarianten Komponenten des Vektors $\boldsymbol{x}$ werden kovariant zu den Basisvektoren transformiert.

Wenn speziell die Basis $\{\mathbf{e}_i\}$ normalisiert ist, d.h. die Länge der Basisvektoren ist 1, dann sind die kovarianten Komponenten die Projektionen des Vektors auf die Basisvektoren. In Abb. A5.4 sind die kontravarianten und kovarianten Komponenten eines Vektors dargestellt in einer normalisierten Basis in der zweidimensionalen Ebene.

In Abb. A5.5 ist ein Beispiel für eine Koordinatentransformation zwischen zwei allgemeinen Basen in der zweidimensionalen Ebene gezeigt.

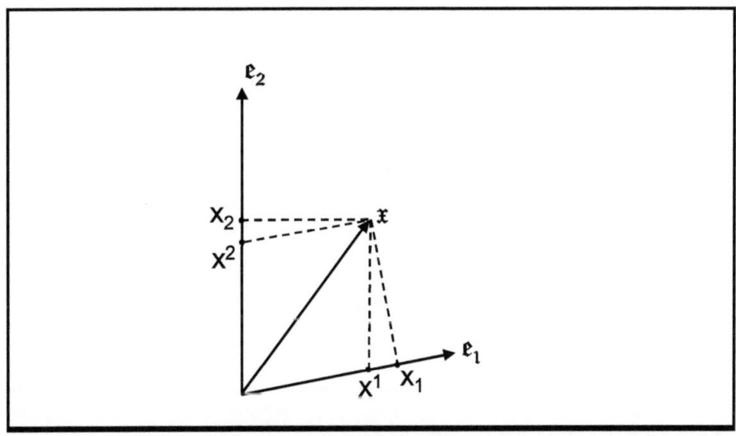

Abb. A5.4. Kovariante und kontravariante Koordinaten. Sind die Basisvektoren normalisiert, d.h. deren Längen sind = 1, dann sind die kovarianten Komponenten x_i des Vektors x̃ die senkrechten Projektionen des Vektors auf die Basisvektoren. Die kontravarianten Komponenten x^i ergeben sich aus der vektoriellen Addition, Gleichung A5.9.

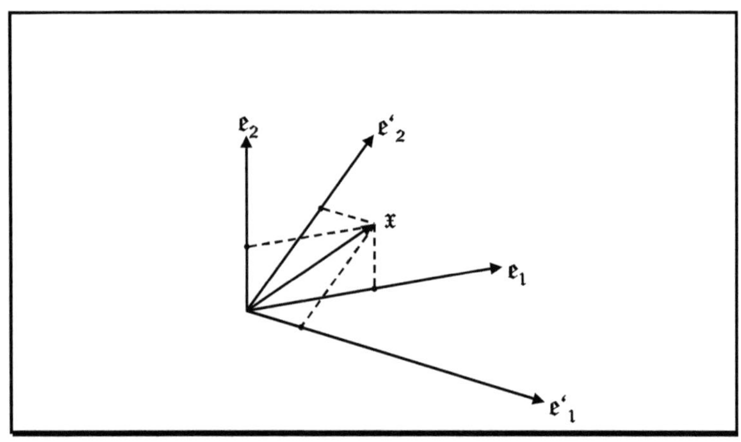

Abb. A5.5. Zwei Koordinatensysteme.

Die kontravarianten Komponenten des Vektors $\mathfrak{x}$ in den Basen $\{\,\mathbf{e}_i\}$ und $\{\,\mathbf{e'}_i\}$ transformieren sich nach Gleichung A5.11.

Die kovarianten Komponenten des Vektors $\mathfrak{x}$, die hier nicht eingezeichnet sind, transformieren sich nach Gleichung A5.13.

4. Die reziproke Basis.

Die zur Basis $\{e_1, e_2, e_3, \dots e_n\}$ reziproke Basis $\{e^1, e^2, e^3, \dots e^n\}$ ist definiert durch

$$(e_i, e^j) = 0 \text{ für } i \neq j \qquad (A5.14)$$

Abb. A5.6 zeigt ein Beispiel in der Ebenen.

Für den Vektor $\boldsymbol{x}$ sind in der Basis $\{e_i\}$

$$\boldsymbol{x} = x^i\, e_i \qquad (A5.15)$$

die x^i die kontravarianten Komponenten und

$$x_i = (\boldsymbol{x}, e_i)$$

die kovarianten Komponenten.

Für den Vektor $\boldsymbol{x}$ sind in der reziproken Basis $\{e^i\}$

$$x^i = (\boldsymbol{x}, e^i)$$

die kovarianten Komponenten, und in

$$\boldsymbol{x} = z_i\, e^i$$

sind die z_i die noch zu bestimmenden kontravarianten Komponenten.

Mit $x_j = (\boldsymbol{x}, e_j) = (z_i\, e^i, e_j) = z_j$ sind die x_j die kontravarianten Komponenten in der Basis $\{e^i\}$, d.h. in der Basis $\{e^i\}$ ist

$$\boldsymbol{x} = x_i\, e^i \qquad (A5.16)$$

d.h.

Die kontravarianten Komponenten x^j eines Vektors $\mathbf{x}$ in der Basis $\{\mathbf{e}_i\}$ sind die kovarianten Komponenten $x^j = (\mathbf{x}, \mathbf{e}^j)$ des Vektors in der reziproken Basis $\{\mathbf{e}^i\}$ und umgekehrt.

Ferner ist

$$x^j = \left(\mathbf{x}, \mathbf{e}^j\right) = x^i\,(\mathbf{e}_i, \mathbf{e}^j) = (x^1\,\mathbf{e}_1 + x^2\,\mathbf{e}_2 + x^3\,\mathbf{e}_3 + \ldots)\,\mathbf{e}^j =$$

$$x^i\,(\mathbf{e}_j\,\mathbf{e}^i)\quad \text{für}\ \ j = i$$

d.h.

$$(\mathbf{e}_i, \mathbf{e}^j) = 1\quad \text{für}\ \ i = j \tag{A5.17}$$

Das bedeutet *nicht*, dass die einzelnen Vektoren die Länge 1 haben, nur ihr skalares Produkt ist 1.

(Ich habe absichtlich vermieden, in der Gleichung $j = i$ zu setzen, weil ja hier nicht summiert werden soll).

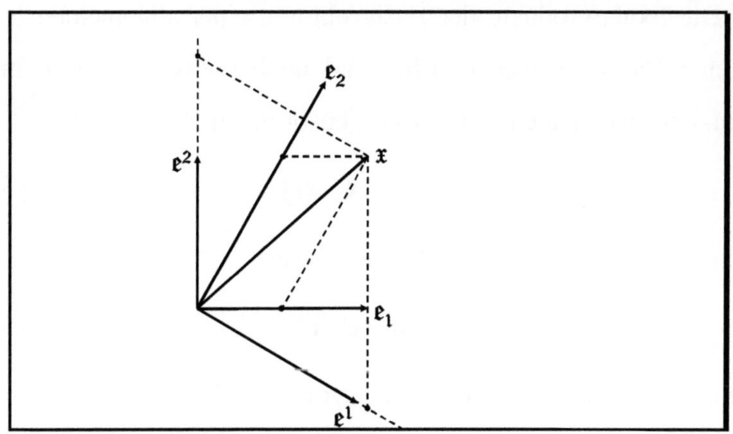

Abb. A5.6. Reziproke Basen.
Die beiden Basen, die oben indizierte und die unten indizierte, sind zueinander reziprok, die Basisvektoren e_1 und e^2 stehen aufeinander senkrecht, ebenso e_2 und e^1.

5. Der metrische Tensor.

Die Skalarprodukte der Basisvektoren einer allgemeinen Basis, d.h. eine Basis die weder orthogonal noch normalisiert sein muss, bilden den sogenannten metrischen Tensor in der Basis $\{\mathbf{e}_i\}$,

$$g_{ij} = \left(\mathbf{e}_i , \mathbf{e}_j\right) \tag{A5.18}$$

und in der zugehörigen reziproken Basis $\{\mathbf{e}^i\}$

$$g^{ij} = \left(\mathbf{e}^i , \mathbf{e}^j\right) \tag{A5.19}$$

Die metrischen Tensoren sind beide symmetrisch,

$$g_{ij} = g_{ji} \quad \text{und} \quad g^{ij} = g^{ji} \tag{A5.20}$$

Multiplizieren wir (A5.9) skalar mit $\mathbf{e}_k$ erhalten wir

$$(\mathbf{x}, \mathbf{e}_k) = x^i \, (\mathbf{e}_i , \mathbf{e}_k) = g_{ik} \, x^i$$

also

$$x_k = g_{ik} \, x^i \tag{A5.21}$$

Multiplizieren wir (A5.16) skalar mit $\mathbf{e}^k$ erhalten wir

$$\left(\mathbf{x}, \mathbf{e}^k\right) = x_i \left(\mathbf{e}^i , \mathbf{e}^k\right) = g^{ik} \, x_i$$

also

$$x^k = g^{ik} \, x_i \tag{A5.22}$$

Mit Hilfe des metrischen Tensors lassen sich die kovarianten und kontravarianten Komponenten ineinander umwandeln.
Weiterhin sehen wir, dass gilt

$$g^{jk} \, g_{ik} = \delta_{ji} = \begin{cases} 1 & \text{für } j = i \\ 0 & \text{für } j \neq i \end{cases} \tag{A5.23}$$

6. *Transformation des metrischen Tensors.*

Wie betrachten zwei allgemeine Basen $\{e_i\}$ und $\{e'_i\}$. In der Basis $\{e_i\}$ sind die Basisvektoren von $\{e'_i\}$ gegeben durch (A5.10)

$$e'_i = A_i^j\, e_j$$

Mit

$$g'_{kl} = (e'_k, e'_l)$$

wird

$$g'_{kl} = (A_k^i\, e_i, A_l^j\, e_j)$$

d.h.

$$g'_{kl} = A_k^i A_l^j\, g_{ij} \tag{A5.24}$$

Analog erhalten wir mit den Basisvektoren von $\{e_i\}$ in der Basis $\{e'_i\}$

$$e_i = B_i^j\, e'_j$$

$$g_{kl} = B_k^i B_l^j\, g'_{ij} \tag{A5.25}$$

7. Länge des Vektors.

Wir wollen uns jetzt um die Länge eines Vektors kümmern. Den Abstand zwischen zwei Punkten im rechtwinkeligen Koordinatensystem haben wir anfangs schon durch den Lehrsatz von Pythagoras berechnet (Gleichung A5.1). Wenn aber die Basis weder orthogonal noch normalisiert ist, müssen wir den Lehrsatz allgemeiner fassen.

Dazu sehen wir uns erst das schiefwinkelige Dreieck an (Abb. A5.7) und berechnen die Länge der Seite c aus den beiden Seiten a und b und dem Winkel γ, der jetzt nicht mehr ein rechter Winkel ist.

Aus der Zeichnung sehen wir, es ist

$$a^2 = x^2 + y^2$$

Und

$$c^2 = (b + x)^2 + y^2 = b^2 + 2bx + x^2 + y^2 =$$

$$= a^2 + 2bx + b^2$$

und mit $x = a\,\cos\alpha = -a\,\cos\gamma$ wird

$$c^2 = a^2 - 2ab\,\cos\gamma + b^2 \tag{A5.26}$$

Wenn $\gamma = 90^0$ ist, haben wir wieder unseren alten Lehrsatz von Pythagoras.

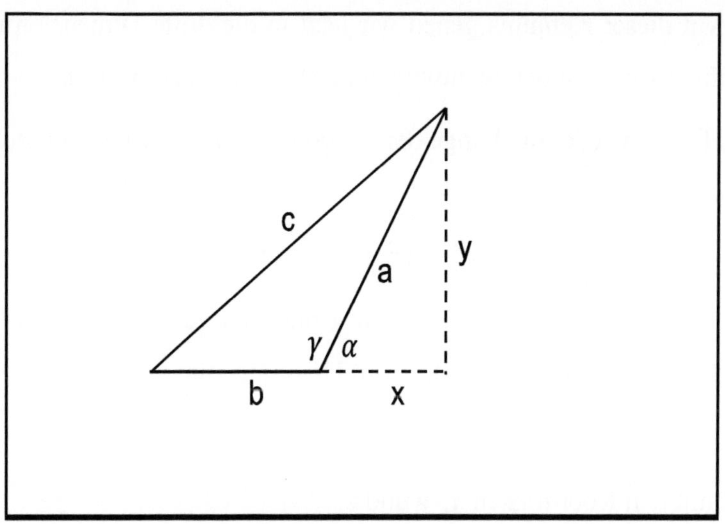

Abb. A5.7 Schiefwinkeliges Dreieck.

Hier ist die Länge der Seite c gegeben durch die Gleichung A5.26,

$$c^2 = a^2 - 2ab\cos\gamma + b^2$$

Mit dieser Kenntnis gehen wir jetzt in die dritte Dimension und betrachten zunächst den rechtwinkeligen Quader in Abb. A5.8.

Hier ist wieder die Länge der Diagonale, wie wir es oben gesehen haben, die Quadratwurzel aus

$$p^2 = x^2 + y^2 + z^2 = c^2 + y^2$$

mit der Diagonale c der Seite, die von x und z aufgespannt ist, und p ist auch die Länge des Vektors, der vom Ursprung zum Punkt

$$p = (x, y, z)$$

reicht mit den Koordinaten x, y und z.

Das ist die Länge der Diagonale im rechtwinkeligen Quader und zugleich die Länge des Vektors im rechtwinkeligen Koordinatensystem.

Um die Länge eines Vektors in einem Koordinatensystem zu bestimmen, das nicht rechtwinkelig ist – also die Verallgemeinerung auf beliebige Koordinatensysteme – wollen wir die Diagonale im Quader bestimmen, wenn wir nach und nach den Quader scheren, so dass nach und nach die Winkel zwischen den Seiten von 90^0 auf beliebige Winkel geändert werden.

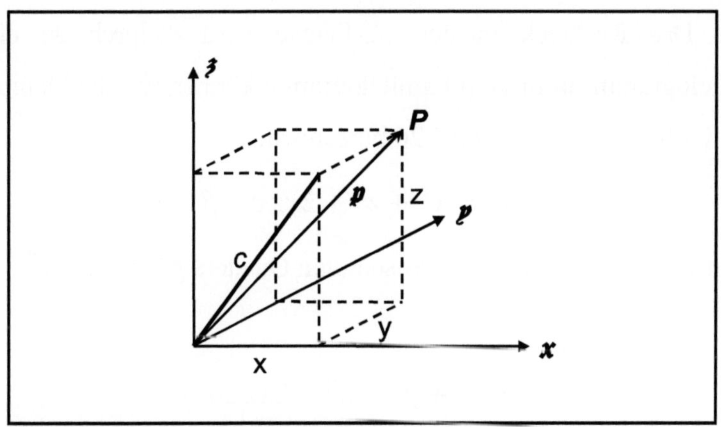

Abb. A5.8. Die Diagonale im Quader

ist gegeben durch

$$p^2 = x^2 + y^2 + z^2$$

Jetzt scheren wir den Quader, indem wir die z-Achse in Richtung x um den Winkel β kippen, und erhalten so den schiefen Körper in Abb. A5.9. Das Rechteck in der x-z-Fläche wird dadurch zu einem Parallelogramm. In diesem Parallelogramm können wir die Diagonale c mit Hilfe der Beziehung A5.26 berechnen,

$$c^2 = x^2 + z^2 + 2xz \cos \beta$$

Damit wird die Diagonale p des schiefen Quaders $p^2 = c^2 + y^2$

d.h.

$$p^2 = x^2 + y^2 + z^2 + 2xz \cos \beta$$

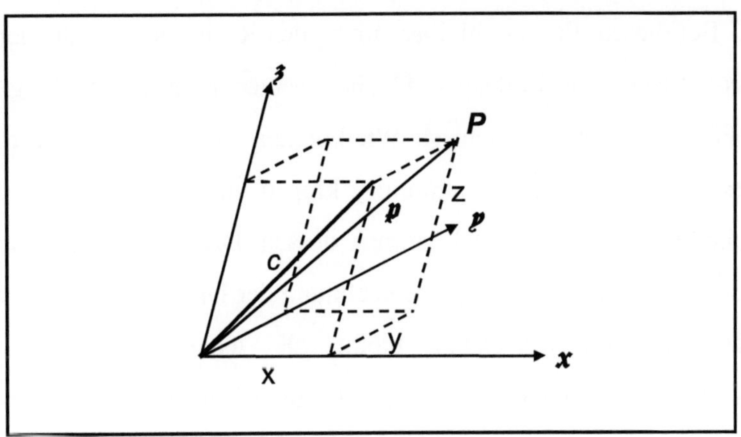

*Abb. A5.9. Die Diagonale im schiefen Quader
ist gegeben durch*

$$p^2 = x^2 + y^2 + z^2 + 2xz \cos\beta$$

Bei diesem Prozess bleiben die beiden Rechtecke des Quaders in der x-y-Fläche und in der y-z-Fläche Rechtecke, da ja nur die ganze y-z-Fläche gekippt worden ist. Wir können also als zweiten Prozess genauso die z-Achse in Richtung y kippen und erhalten in der y-z-Fläche wieder ein Parallelogramm dessen Diagonale wir genauso berechnen können und für die Berechnung der Diagonale des Quaders verwenden können. Dabei bleibt als letzte Fläche in der x-y-Fläche die Fläche als Rechteck übrig. Wenn wir nun als dritten Prozess die y-Achse in Richtung x kippen und die Diagonale des dadurch entstandenen Parallelogramms verwenden, um die Diagonale des jetzt in allen drei Richtungen gescherten Quaders – jetzt zum allgemeinen Parallelepiped geworden (Abb. A5.10) – erhalten wir

$$p^2 = x^2 + y^2 + z^2$$

$$+ \ 2xy \cos \alpha + 2xz \cos \beta + 2yz \cos \gamma \qquad (A5.27)$$

mit den Winkeln α, β und γ zwischen den Koordinatenachsen xy, xz bzw. yz.

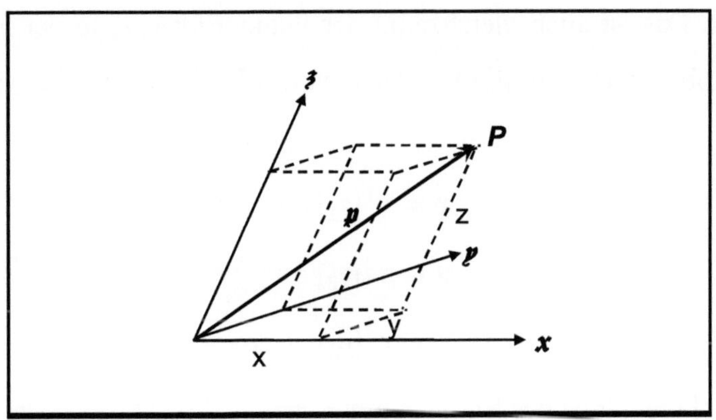

Abb. A5.10. Die Diagonale im Parallelepiped
ist gegeben durch

$$p^2 = x^2 + y^2 + z^2$$

$$+ 2xy \cos \alpha + 2xz \cos \beta + 2yz \cos \gamma$$

Der Vektor $\boldsymbol{x}$ ist durch (A5.9)

$$\boldsymbol{x} = x^i \, \boldsymbol{e}_i$$

bestimmt. Das ist auch gleichzeitig der Punkt $\boldsymbol{P}(x, y, z)$ in der Basis $\{\boldsymbol{e}_i\}$ in Abb. A5.10, d.h. die Koordinaten des Punktes $\boldsymbol{P}$ sind gegeben durch

$$x = x^1 |\boldsymbol{e}_1|$$

$$y = x^2 |\boldsymbol{e}_2|$$

$$z = x^3 |\boldsymbol{e}_3|$$

wobei $|\boldsymbol{e}_i|$ die Länge des Basisvektors $\boldsymbol{e}_i$ ist.

Damit werden die Größen in Gleichung A5.27

$$xy \cos \alpha = x^1 |\boldsymbol{e}_1| x^2 |\boldsymbol{e}_2| \cos \alpha = g_{12} \, x^1 x^2$$

$$xz \cos \beta = x^1 |\boldsymbol{e}_1| x^3 |\boldsymbol{e}_3| \cos \beta = g_{13} \, x^1 x^3$$

$$yz \cos \gamma = x^2 |\boldsymbol{e}_2| x^3 |\boldsymbol{e}_3| \cos \gamma = g_{23} \, x^2 x^3$$

$$x^2 = g_{11}(x^1)^2$$

$$y^2 = g_{22}(x^2)^2$$

$$z^2 = g_{33}(x^3)^2$$

Zusammengefasst haben wir für die Länge p des Vektors $\boldsymbol{x}$

$$p^2 = g_{ij} \, x^i x^j$$

Das ist gleich dem Skalarprodukt des Vektors $\boldsymbol{x}$ mit sich selbst,

$$(\boldsymbol{x}, \boldsymbol{x}) = g_{ij} \, x^i x^j \tag{A5.28}$$

oder mit Gleichung (A5.21) oder (A5.22)

$$(\mathbf{x}, \mathbf{x}) = x^i x_i$$

Damit haben wir den allgemeinen Ausdruck für das Quadrat der Länge eines Vektors gefunden. Der Ausdruck $(\mathbf{x}, \mathbf{x})$ heißt auch die Norm des Vektors, $Norm(\mathbf{x})$. Die Länge des Vektors ist damit

$$p = \sqrt{Norm(\mathbf{x})} = |\mathbf{x}|$$

8. Invarianz der Länge eines Vektors.

Aus (A5.9), (A5.11) und (A5.25) erhalten wir

$$(\mathbf{x}, \mathbf{x}) = \left(x^i \mathbf{e}_i\, x^j \mathbf{e}_j \right) = x^i x^j g_{ij} = A_k^i x'^k A_l^j x'^l g_{ij}$$

$$= g_{ij} A_k^i A_l^j x'^k x'^l = g'_{kl} x'^k x'^l = (\mathbf{x}', \mathbf{x}') \qquad \text{(A5.29)}$$

d.h. $(\mathbf{x}, \mathbf{x})$ ist invariant gegen jede Koordinatentransformation.

Genau so erhält man auch die Invarianz des Skalarproduktes zweier Vektoren

$$(\mathbf{x}, \mathbf{y}) = (\mathbf{x}', \mathbf{y}') \qquad \text{(A5.30)}$$

9. Was die Metrik bedeutet.

Der metrische Tensor sagt etwas über die Geometrie der verwendeten Basis $\{\mathbf{e}_i\}$ aus. Die Wurzeln aus den skalaren Produkten g_{ii} sind die Längen der Basisvektoren. Die Tensorkomponenten g_{ij} mit $i \neq j$ sind bestimmt durch die Winkel, die die Basisvektoren miteinander einschließen. Die Länge eines beliebigen Vektors, bzw. der

Abstand zwischen zwei Punkten ist durch die Tensorkomponenten g_{ij} in Gleichung (A5.28) bzw. (A5.7) bestimmt.

Für eine *normalisierte* Basis sind die Längen der Basisvektoren $|\mathbf{e}_i| = 1$. Der metrische Tensor im dreidimensionalen Raum hat dann die Form

$$g_{ij} = \begin{pmatrix} 1 & \cos\alpha & \cos\beta \\ \cos\alpha & 1 & \cos\gamma \\ \cos\beta & \cos\gamma & 1 \end{pmatrix}$$

Für eine *orthogonale* Basis sind die Winkel zwischen den Basisvektoren im dreidimensionalen Raum rechte Winkel. Der metrische Tensor lautet dann

$$g_{ij} = \begin{pmatrix} g_{11} & 0 & 0 \\ 0 & g_{22} & 0 \\ 0 & 0 & g_{33} \end{pmatrix}$$

Für eine *orthonormale,* also sowohl orthogonale als auch normalisierte Basis lautet der metrische Tensor

$$g_{ij} = \begin{pmatrix} 1 & 0 & 0 \\ 0 & 1 & 0 \\ 0 & 0 & 1 \end{pmatrix}$$

In dieser speziellen Basis verschwindet die Unterscheidung zwischen kovarianten und kontravarianten Größen,

$$x^i = x_i$$

und mit Gleichung (A5.28) erhalten wir wie früher

$$(\mathbf{x}, \mathbf{x}) = x_1{}^2 + x_2{}^2 + x_3{}^2$$

in einer orthonormalen Basis.

Im vierdimensionalen Raum wählt man oft die erste Koordinate als Zeit und bezeichnet die mit dem Index 0. Sind nun alle $g_{0i} = 0$ für $i = 1,2,3$ also nur $g_{00} \neq 0$,

$$g_{ij} = \begin{pmatrix} g_{00} & 0 & 0 & 0 \\ 0 & g_{11} & 0 & 0 \\ 0 & 0 & g_{22} & 0 \\ 0 & 0 & 0 & g_{33} \end{pmatrix}$$

dann spricht man von zeitorthogonalen Koordinaten. Alle Raumkoordinaten x^i für $i = 1,2$ und 3 stehen aufeinander senkrecht, und sie stehen alle „senkrecht" auf die Zeitkoordinate x^0.

Die einfache Erweiterung des dreidimensionalen orthonormalen Raumes zum vierdimensionalen orthonormalen Raum führt jedoch nicht zu dem Raum, in dem die Lorentz-Transformation den Übergang von einem System auf ein anderes beschreibt, denn im vierdimensionalen orthonormalen Raum sind alle $g_{ii} = 1$ und alle $g_{ij} = 0$ für $i \neq j$,

$$g_{ij} = \begin{pmatrix} 1 & 0 & 0 & 0 \\ 0 & 1 & 0 & 0 \\ 0 & 0 & 1 & 0 \\ 0 & 0 & 0 & 1 \end{pmatrix}$$

Damit ist die Größe nach Gleichung (A5.28),

$$(\boldsymbol{x}, \boldsymbol{x}) = g_{ij}\, x^i x^j$$

nicht die Größe, die in der Relativitätstheorie invariant sein soll, nämlich (A5.8)

$$- c^2 t^2 + x^2 + y^2 + z^2$$

Wir müssen also $g_{00} = -1$ setzen, um den vierdimensionalen Raum zu bilden, in dem die Relativitätstheorie beschrieben wird, wo die Lorentz-

Transformation den Übergang von einem System auf ein anderes beschreibt, also

$$g_{ij} = \begin{pmatrix} -1 & 0 & 0 & 0 \\ 0 & 1 & 0 & 0 \\ 0 & 0 & 1 & 0 \\ 0 & 0 & 0 & 1 \end{pmatrix} \tag{A5.31}$$

Das ist die Metrik des Raumes der Relativitätstheorie, des Minkowski-Raumes (*Herman Minkowski, 1864 – 1909*).

Wenn wir für die Zeitkoordinate die Größe $x^0 = ct$ wählen, erhalten wir aus A5.28 die invariante Größe, die wir in der Relativitätstheorie als invariant brauchen.

10. Lorentz-Transformation.

Setzen wir nun in Gleichung (A5.11) für die Matrix A_i^j die Matrix der Lorentz-Transformation Λ_i^j bekommen wir

$$x'^{\,\alpha} = \Lambda_\beta^\alpha \, x^\beta \tag{A5.32}$$

für die Transformation der kontravarianten Koordinaten zwischen zwei Systemen **S** und **S'**, x^1, x^2 und x^3 sind die kartesischen Raum-Koordinaten, x^0 ist die Zeit-Koordinate.

Die Lorentz-Matrix hat bei unserer speziellen Wahl der beiden Koordinatensysteme, wo die Geschwindigkeit des einen Systems in die x-Achse des anderen Systems zeigt, die Form

$$\Lambda_j^i = \begin{pmatrix} +\gamma & -\gamma\frac{\beta^2}{v_0} & 0 & 0 \\ -\gamma v_0 & +\gamma & 0 & 0 \\ 0 & 0 & 1 & 0 \\ 0 & 0 & 0 & 1 \end{pmatrix} \tag{A5.33}$$

und

$$(\Lambda_j^i)^{-1} = \begin{pmatrix} +\gamma & +\gamma\dfrac{\beta^2}{v_0} & 0 & 0 \\ +\gamma v_0 & +\gamma & 0 & 0 \\ 0 & 0 & 1 & 0 \\ 0 & 0 & 0 & 1 \end{pmatrix}$$

mit den Größen γ und β in (A2.4) und mit der relativen Geschwindigkeit v_0 der beiden Systeme. Damit rechnet man leicht nach, dass die beiden Matrizen reziprok sind, z.B.

$$(\Lambda\Lambda^{-1})_{00} = \gamma^2 + \gamma v_0\left(-\gamma\frac{\beta^2}{v_0}\right) = \gamma^2(1 - \beta^2) = 1$$

usw.

Für $\gamma = 1$ und $\beta = 0$ erhalten wir die klassische Galilei-Transformation. Das vierdimensionale Kontinuum zerfällt in den dreidimensionalen Raum und die Zeit,

$$\Lambda_j^i = \begin{pmatrix} 1 & 0 & 0 & 0 \\ -v_0 & 1 & 0 & 0 \\ 0 & 0 & 1 & 0 \\ 0 & 0 & 0 & 1 \end{pmatrix} \tag{A5.34}$$

11. Rotation.

Wenn wir zurückblicken auf die verschiedenen Größen, die invariant gegen Transformationen sind, so stellen wir fest, dass für die klassische Galilei-Transformation der Abstand zwischen zwei Punkten invariant ist (Gleichung A5.5), jedoch der Vektor selbst - der Ortsvektor - der ja auch ein Abstand eines Punktes zum Ursprung des Koordinatensystems ist, nicht invariant ist. Das liegt daran, dass die Galilei-Transformation eine translatorische Transformation ist – der Ursprung des bewegten Systems bewegt sich ja mit, d.h. der Ursprung des bewegten Systems bewegt sich im ruhenden System, während der Punkt, der durch den Vektor dargestellt wird, sich nicht bewegt, der Punkt ist invariant, der Ortsvektor nicht.

Die einzige klassische Transformation im dreidimensionalen Raum, bei der der Ortsvektor invariant ist, ist die Rotation – abgesehen von der Spiegelung[14]. Der Ortsvektor ist ja der Radiusvektor, der die Kugeloberfläche beschreibt (Gleichung A5.6), und der bleibt bei einer beliebigen Rotation konstant.

Im vierdimensionalen Minkowski-Raum ist die Größe $(\Delta s)^2 = r^2 = (ct)^2 - (x^2 + y^2 + z^2)$ die entsprechende bei einer Lorentz-Transformation invariante Größe (Gleichung A5.7), die die Oberfläche der Hyperkugel beschreibt. Die Vermutung ist daher naheliegend, dass die Lorentz-Transformation etwas mit einer Rotation zu tun hat.

---

[14] *G.Joos, Lehrbuch der theoretischen Physik, Leipzig 1934, S.217*

Bei einer klassischen Rotation um die z-Achse im dreidimensionalen Raum bleibt die z-Koordinate unverändert. Die x- und y-Koordinaten ändern sich genauso wie bei einer Rotation in der Ebene. Die Transformationsmatrix für den Übergang von einem System zu einem um den Winkel α um die z-Achse gedrehten System lautet daher

$$R_z(\alpha) = \begin{pmatrix} \cos\alpha & -\sin\alpha & 0 \\ \sin\alpha & \cos\alpha & 0 \\ 0 & 0 & 1 \end{pmatrix}$$

d.h. die Transformationsgleichungen lauten

$$x' = x\cos\alpha - y\sin\alpha$$

$$y' = x\sin\alpha + y\cos\alpha$$

$$z' = z$$

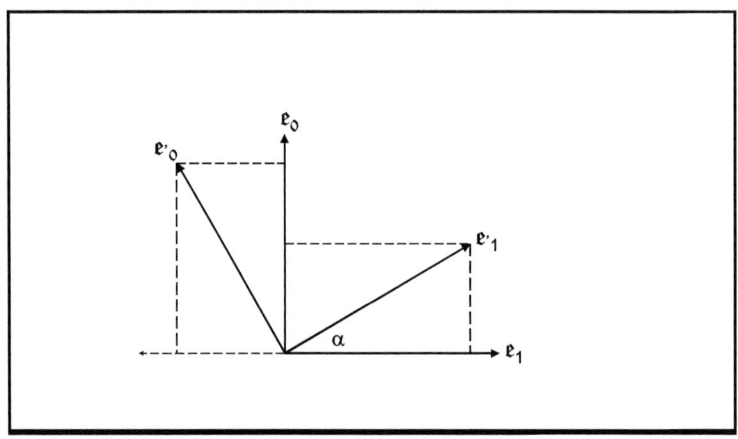

Abb. A5.11 Darstellung einer Drehung in der Ebene.

Darstellung der beiden Basen $\{e_i\}$ und $\{e'_i\}$ für eine Drehung mit dem Winkel 30°.

Die Transformation eines Vektors erfolgt durch die Gleichungen

$$x' = x \cos \alpha - y \sin \alpha$$

$$y' = x \sin \alpha + y \cos \alpha$$

$$z' = z$$

Im vierdimensionalen Minkowski-Raum ersetzen wir jetzt x durch x^1, y durch x^2 und z durch x^3. Die Drehung erfolgt also um die x^3-Achse in der x^1-x^2-Ebene, wobei die x^0-Achse die Zeitachse ist (Abb. A5.12).

Setzen wir jetzt

$$tan\,\alpha = -i\beta$$

also

$$cos\,\alpha = \gamma \quad \text{und} \quad sin\,\alpha = -i\beta\gamma$$

so erhalten wir

$$x'^0 = \gamma \times \left(x^0 - \frac{\beta^2}{v_0}\,x^1\right)$$

$$x'^1 = \gamma \times \left(-v_0 x^0 + x^1\right)$$

$$x'^2 = x^2$$

$$x'^3 = x^3$$

Die Transformation zwischen den beiden Systemen, die sich relativ zueinander bewegen, entspricht also einer Drehung des Koordinatensystems um den Winkel α mit einer der räumlichen Achsen als Drehachse.

In Abb. A5.12 ist die Drehung des Koordinatensystems bei der Lorentz-Transformation dargestellt, wobei wir nur die beiden relevanten Koordinaten

$$x^0 = t \quad \text{und} \quad x^1 = x$$

und analog die gestrichenen Koordinaten betrachten. Dann reduziert sich die Lorentz-Transformationsmatrix zu

$$\Lambda_i^j = \gamma \times \begin{pmatrix} 1 & -\frac{v_0}{c^2} \\ -v_0 & 1 \end{pmatrix} \tag{A5.35}$$

d.h. nur die Komponente Λ_1^0 und der Faktor γ zeigen den Unterschied zur Galilei-Transformation (A5.34).

In Abb. A5.12 ist dieselbe Basis dargestellt wie die Basis Zeit und Radius in Abb. A5.3. Die Zeit ist der Basisvektor $\mathbf{e}_0$ und der Radius ist der Basisvektor $\mathbf{e}_1$. Weiterhin ist eingezeichnet die Basis $\{\mathbf{e}'_i\}$, die entsteht durch die Bewegung des Systems mit der Geschwindigkeit v_0. Mit Gleichung (A5.10) wird die Transformation zwischen den beiden Basen

$$\mathbf{e}'_i = \Lambda_i^j \, \mathbf{e}_j \tag{A5.36}$$

Man erkennt, dass die Transformation aus einer Drehung und Stauchung des Koordinatensystems besteht, so dass die Linie c konstant bleibt. Die Transformation der Koordinaten erfolgt nach Gleichung (A5.31); das sind die bekannten Lorentz Transformationsgleichungen, hier nur für die beiden betrachteten Koordinaten. Wir verwenden für die Darstellung Sekunden und Lichtsekunden (die Darstellung in Sekunden und Zentimeter wäre reine Papierverschwendung). Wir erhalten dann die Darstellung

$$c\mathbf{e}'_0 = \gamma \times \left[c\mathbf{e}_0 - \frac{v_0}{c}\mathbf{e}_1 \right] \tag{A5.37}$$

$$\mathbf{e}'_1 = \gamma \times \left[-\frac{v_0}{c}c\mathbf{e}_0 + \mathbf{e}_1 \right]$$

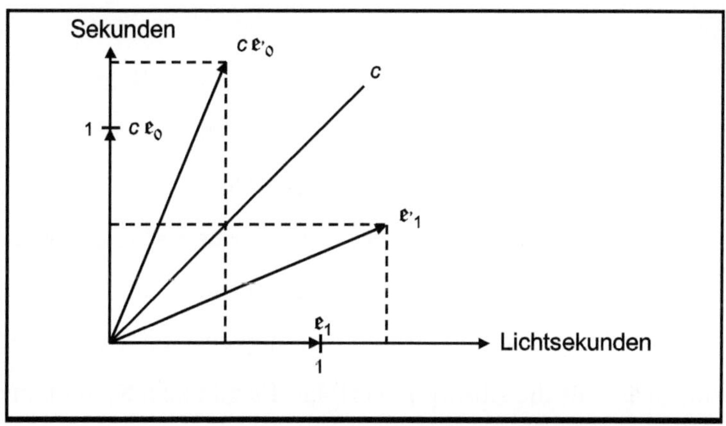

Abb. A5.12. Basen-Darstellung, Lorentz-Transformation.

Darstellung der beiden Basen $\{e_i\}$ und $\{e'_i\}$ für das Beispiel $\frac{v_0}{c} = 0.5$, d.h. $\gamma = 1.1547$. Um es vernünftig darstellen zu können tragen wir auf der Raumachse (x_1-Achse) nicht die cm auf, sondern Lichtsekunden und auf der Zeitachse Sekunden. Damit wird

$$ce'_0 = \gamma \times \left[ce_0 - \frac{v_0}{c}e_1\right] \quad und \quad e'_1 = \gamma \times \left[-\frac{v_0}{c}ce_0 + e_1\right]$$

Die Vektoren ce'_0 und e'_1 werden mit steigender Geschwindigkeit v_0 immer länger und nähern sich symmetrisch asymptotisch der Diagonale c.

In dieser Darstellung können wir nun die Relativität der Gleichzeitigkeit zeigen, sowie die Nichtumkehrbarkeit der zeitlichen Abfolge von Ereignissen, also keine Umkehrung von Ursache und Wirkung.

Abb. A5.13 zeigt zwei Ereignisse, die im System S' am selben Ort x'^1 zeitlich hintereinander stattfinden, z.B. Absorption (A') und Emission (E') eines Lichtquantes durch ein Atom, die sich im System S an verschiedenen Orten ereignen, $x^1_{absorption}$ und $x^1_{emission}$, weil das System S' in der Zeit dazwischen sich weiterbewegt hat. Man erkennt, aus der Darstellung, dass für alle Geschwindigkeiten des Systems S' die Emission später als die Absorption erfolgt. Es gibt kein System, in dem die zeitliche Abfolge sich umkehrt, d.h. die zeitliche Reihenfolge ist immer Ursache – Wirkung.

Abb. A5.14. zeigt zwei Ereignisse, die im System S' gleichzeitig an unterschiedlichen Orten geschehen, x'^0, ereignen sich im System S zu unterschiedlichen Zeiten, $x^0(A)$ und $x^0(A)$. Die Gleichzeitigkeit von Ereignissen an unterschiedlichen Orten ist ein relativer Begriff.

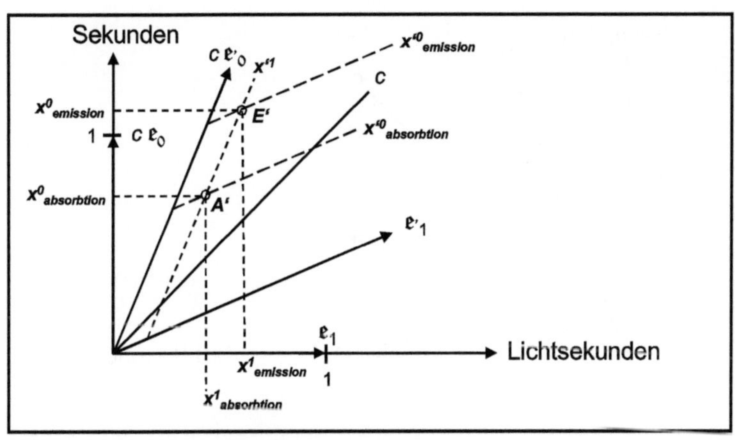

Abb. A5.13. Absorption – Emission.

*Zwei Ereignisse, die am selben Ort x'^1 im System **S'** zeitlich hintereinander stattfinden, z.B. Absorption (A') und Emission (E') eines Lichtquantes durch ein Atom, ereignen sich im System **S** an verschiedenen Orten, $x^1_{absorption}$ und $x^1_{emission}$, weil das System **S'** in der Zeit dazwischen sich weiterbewegt hat. Man erkennt, dass für alle Geschwindigkeiten des Systems **S'** die Emission später als die Absorption erfolgt. Für negative Geschwindigkeiten des Systems **S'** ist die Darstellung das Spiegelbild um die Zeitachse in **S**.*

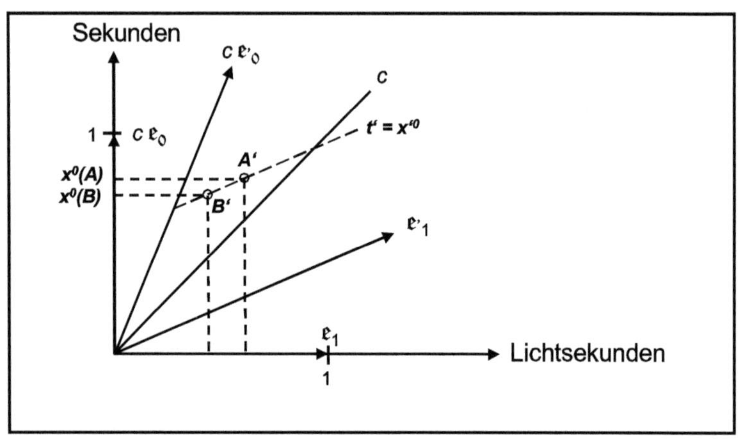

Abb. A5.14. Gleichzeitige Ereignisse.

*Zwei Ereignisse, die im System **S'** gleichzeitig zum Zeitpunkt x^0 an unterschiedlichen Orten, A' und B' geschehen, geschehen im System **S** zu unterschiedlichen Zeiten, $x^0(A)$ und $x^0(B)$.*

12. Schluß.

Man könnte aus den bisherigen Ausführungen den Eindruck gewinnen, dass ein bestimmtes Koordinatensystem vorgegeben wird und wir dann in dieses System einen Vektor bzw. ein Punkt legen.

Es ist eher so, dass man einen Punkt im Raum hat, z.B. ein Atom, dessen Lage wir beschreiben möchten, z.B. seinen Abstand zu einem anderen Punkt, und dafür ein geeignetes Koordinatensystem, ein System von Basisvektoren, anlegen. Dann wird aus diesem Punkt ein Vektor in diesem System.

Literatur.

Einiges davon ist von historischem Interesse (L. de Broglie, P. Jordan), einiges ist für den ernsthaft Studierenden der Physik von großem Nutzen (P. Dirac, R. Feynman, H. Weyl) und einiges ist für den interessierten Laien gedacht. Einiges ist für die Philosophie lesenswert (A. Watts, F. Capra, Lee Smolin). Es lohnt sich auch, die Schöpfer der neuen Physik „persönlich" kennen zu lernen (W. Heisenberg, U. Röseberg, E. Segrè):

1. L. de Broglie, Licht und Materie,
    H.Goverts Verlag, Hamburg 1939

2. P. Davies, Gott und die moderne Physik,
    Bertelsmann, München 1986

3. P. Davies, Die Urkraft,
    Rasch und Röhring Verlag, Hamburg 1987

4. P. Dirac, The Principles of Quantum Mechanics,
    Oxford University Press 1958

5. L. C. Epstein, Relativitätstheorie anschaulich dargestellt,
    Birkhäuser Verlag, Stuttgart 1985

6. R. Feynman, Vom Wesen physikalischer Gesetze,
    R. Piper, München 1990

7. R. Feynman, QED, The Strange Theory of Light and Matter,
    Princeton University Press 1985

8.   R. Feynman, R. Leighton, M. Sands, Feynmans Vorlesung über Physik, Oldenbourg, München 1971

9.   J. Gribbin, Auf der Suche nach Schrödingers Katze, Piper Verlag, München 1987

10. A. Guth, Die Geburt des Kosmos aus dem Nichts, Droemersche Verlagsanstalt, München 1999

11. W. Heisenberg, Der Teil und das Ganze, Piper Verlag, München 1969

12. N. Herbert, Quantenrealität, Birkhäuser Verlag, Basel 1987

13. P. Jordan, Anschauliche Quantentheorie, Springer Verlag 1936

14. F. Capra, The Tao of Physics, Shambhala, Boston 1991

15. U. Röseberg, Niels Bohr, Wissenschaftliche Verlagsgesellschaft, Stuttgart 1985

16. E. Segrè, Die großen Physiker und ihre Entdeckungen, Piper Verlag, München 1984

17. F. Selleri, Die Debatte um die Quantentheorie, Vieweg, Braunschweig 1983

18. R. U. Sexl, H. K. Urbantke, Gravitation und Kosmologie, Spektrum Akademischer Verlag, Heidelberg 1995